天使幸运色

Angel's Color

上官昭仪 著

重庆出版集团
重庆出版社

本书简体字版经四川一览文化传播广告有限公司代理，由上官昭仪授权出版。
本书图片除署名外，版权归英国 Aura-Soma® 公司所有。
版权所有，不得翻印。

版贸核渝字（2011）第 252 号

图书在版编目（CIP）数据

天使幸运色 / 上官昭仪著. —— 重庆：重庆出版社，2012.6
ISBN 978-7-229-04876-1

Ⅰ. ①天… Ⅱ. ①上… Ⅲ. ①心理学—通俗读物
Ⅳ. ①B84-49

中国版本图书馆CIP数据核字（2012）第 013186 号

天使幸运色
TIANSHI XINGYUN SE
上官昭仪 著

出 版 人：罗小卫
责任编辑：李 子　李 梅
责任校对：何建云
特约策划：谢 谢　余 红
封面设计：一亩幻想
内页设计："形"设计工作室

重庆出版集团
重庆出版社　出版

重庆长江二路205号　邮政编码：400016　http://www.cqph.com
北京印匠彩色印刷有限公司印刷
重庆出版集团图书发行有限公司发行
E-MAIL：fxchu@cqph.com　电话：023-68809452
全国新华书店经销

开本：720mm×960mm　1/16　印张 13.75　字数：113千
2012年6月第1版　2012年6月第1版第1次印刷
定价：29.80元

如有印刷质量问题，请向本集团图书发行有限公司调换：023-68706683
版权所有　侵权必究

Contents
目录

作者介绍　　 / 01
序　　 / 03
简体版序文　　 / 06
前言　　 / 09

黄色・1号・光明天使　　 / 01
如果你的公元生日数字是1、11、21、31，你就是由光明天使守护的1号黄色幸运儿。

蓝色・2号・信念天使　　 / 21
如果你的公元生日数字是2、12、22，你就是由信念天使守护的2号蓝色幸运儿。

绿色・3号・慈悲天使　　 / 41
如果你的公元生日数字是3、13、23，你就是由慈悲天使守护的3号绿色幸运儿。

金黄色 • 4 号 • 智慧天使　　/ 61

如果你的公元生日数字是 4、14、24，你就是由智慧天使守护的 4 号金黄色幸运儿。

紫红色 • 5 号 • 守护天使　　/ 81

如果你的公元生日数字是 5、15、25，你就是由守护天使守护的 5 号紫红色幸运儿。

红色 • 6 号 • 尘世天使　　/ 101

如果你的公元生日数字是 6、16、26，你就是由尘世天使守护的 6 号红色幸运儿。

橄榄绿色 • 7 号 • 领导天使　　/ 123

如果你的公元生日数字是 7、17、27，你就是由领导天使守护的 7 号橄榄绿色幸运儿。

橘色 • 8 号 • 归属天使   / 143

如果你的公元生日数字是 8、18、28，你就是由归属天使守护的 8 号橘色幸运儿。

紫色 • 9 号 • 使命天使   / 165

如果你的公元生日数字是 9、19、29，你就是由使命天使守护的 9 号紫色幸运儿。

靛色 • 0 号 • 讯息天使   / 185

如果你的公元生日数字是 10、20、30，你就是由讯息天使守护的 0 号靛色幸运儿。

【作者介绍 About The Author】
上官昭仪

生命美学艺术家

  艺术家可敬之处，在于赋有让生命不断令人惊艳的过程。

  英国 ASIACT 学校华人首席导师，亚太区色彩艺术与应用协会（APCHE）理事长，伊莎贝尔色彩教育学苑（ICEA）创办人。

  内在成长教育推广十五载，超过二十年心理咨询与团体辅导经历，专门透过色彩/文字/声音来协助人们感知身心和谐、认识自己，并协助人们有勇气面对生命的挑战，创造生命的成功和富裕。

  《色彩决定幸福》、《天使幸运色》、《寻找灵魂光线》、《幸福，从听见自己的声音开始》、《色彩与冥想》等十数部著作在中国大陆及台湾地区出版，曾担任《联合报》、《中国时报》、《自由时报》、《中国时报》、《侬侬杂志》、《谈星》、《美丽佳人》、《东京依芙》、《CHOC》等数十家报刊杂志专栏作家，多次接受台湾 TBVS 电视台、马来西亚国家电视台、北京财经电视台、新浪网读书频道、上海东方网等专题采访报导。

  近年来，藉由大量个案与授课，参访游历世界各地文化，发现生命的艺术，能经由色彩衔接理想与现实，故研发出"幸福道"——实现生命理想的方法。透过了解自我，训练心念的美感，纾解生活压力与困境，找到促进生命全面幸福成功的道路。

  上官昭仪实现理想博客：http://blog.sina.com.cn/chaoyicolor
  上官昭仪幸福道微博：http://weibo.com/chaoyicolor
  美力官网　www.rainbow-warrior.org
  slogan：提升生命美学，实现全面成功，展现美力人生！！

序

天使之爱

这是一本被祝福的书。当你开启这本书时，就得到了幸福的赐予，可爱的天使们无所不在；而你，若能感受到被幸福围绕着，那就是与纯真的天使们连上线了，能感受到美丽的指引与眷顾。

每个人都需要运用正面的力量来连接天使，你不必把天使当做一种具体的形象，那可能太限制你的创造力了，你可以当他们是一种能量，一种感受，一种只有正面、纯洁或是幸福的力量；但是，若你此刻具有强烈的负面能量，感到一切都不顺遂，天使也不会远离你，相反地，他们会默默地祝福与守护你，不会让你感到孤单寂寞。因此，若是你能知道自己的个性，在适当的时间点学习强化自己的正面信念，就像被蓝色的光包围一样，内心愿意接受奇迹的你，就能够与你的守护天使相遇！

与天使相遇，有时候像是愉快的独处，或是遇到了契合的另一半，有时又像是在寒流中忽然接到朋友的简讯，或是遇到了师长或友人的关怀……爱，在内心展开时，心中的冰雪就会被软化，一颗坚硬的心或是固执牢不可破的偏见，都因为有爱，而被融化。当你感到被爱或是被支持时，面对那些自己内在需要被调整、需要被转化的负面特性，也就不会掩耳盗铃般地自我欺骗，而是愿意学习面对、看见，愿意接纳任何的改变，逐渐地也愿意给出自己的爱心与慈悲，让他人感受到自己的爱与关怀。

我常被一群天使围绕，过去是在梦境中，而现在，却是在生活中。每次在课程中，通过学习的学员们，都让我看到并感受到天使般的光和爱。而他们，也的确是天使，虽然也有自己莫名的恐惧或忧虑，但是，当一被碰触到内心爱的质量时，他们天使的翅膀就逐渐地长出羽毛，开启一股奇特的力量，每个人都变得更美、更慈悲，心灵中爱的光芒下所散发出的力量，美得不可思议。每一声问候，每一滴泪水，每个眼神交会，每次的歌声，都是天使的力量，支持着大家内在的小孩，成长并茁壮。

有一次在带领工作坊时，有个学员忽然感受到被天使的羽毛所包围而泪流不止。她是一位极为"铁齿"而坚强的女性，自从那次被触动之后，整个人开始转变得较为柔软，也较为愿意关心他人，而不再只会抱怨。

我但愿这本可爱的小书，能启发更多人心灵与爱的连接。我们都缺少不了爱与爱情的滋润，但是，当我们在爱情的海洋中畅游时，到底能学到什么？到底我们想得到什么？或是为什么会与这样

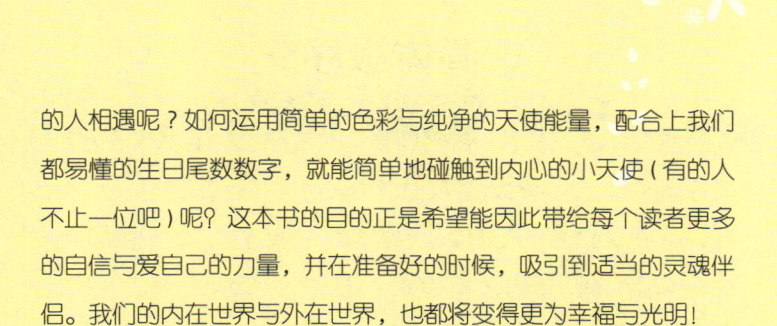

的人相遇呢？如何运用简单的色彩与纯净的天使能量，配合上我们都易懂的生日尾数数字，就能简单地碰触到内心的小天使（有的人不止一位吧）呢？这本书的目的正是希望能因此带给每个读者更多的自信与爱自己的力量，并在准备好的时候，吸引到适当的灵魂伴侣。我们的内在世界与外在世界，也都将变得更为幸福与光明！

愿天使之爱存在每个人心中，使生命充满色彩奇迹！

爱和光

上官昭仪 (Isabelle) 于色彩奇迹 2007 年 1 月

简体版序文

　　翻看着当年在灵感的指引下所写的书，过去的往事历历在目，也很开心这本书能一直被青睐。因为我一直是如此热爱着生命和爱的能量，也由于通过许多人亲身的生命故事，让我看到了尊重生命的可贵。如今中国简体版出版，除了感谢，也充满了感动。这几年下来，我对于内心光明的定义，也有了更新的体会，除了带领更高阶段的内在光明课程——卡巴拉 72 天使与美丽幸福密码班之外，也更忙于令人美丽的外在与内在讲座和爱的心灵疗愈。过去三年，多半集中许多重心在中国。在这片土地上，我学习到很多很多，也非常感谢所有相遇的工作者、学员和朋友们。所到之处都是感恩，每个相遇的人都是我的老师，我学到很多，感恩，是我唯一的心声！

　　去年开始，我开始带领团队在各国行走，今年，更多次在欧洲完成我们灵性之旅的目标与体会。也正式开始在中国的各地行走，创造更多人的幸福！

　　现在，这份感恩逐渐扩大，让我的心像海洋一般，能够延伸和分享得更远。

　　希望这本可爱的能量书，可以带给所有的读者更深的喜悦和沉淀。认识自己是一辈子的事，创造幸福也是我们终其一生都在追求的，如何可以在爱里感受到温暖和喜悦，如何能学习在爱中坚强，如何能得

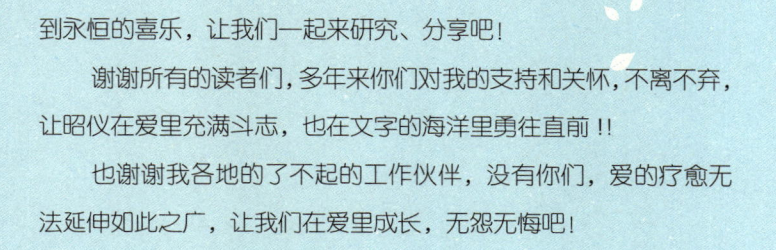

到永恒的喜乐，让我们一起来研究、分享吧！

谢谢所有的读者们，多年来你们对我的支持和关怀，不离不弃，让昭仪在爱里充满斗志，也在文字的海洋里勇往直前！！

也谢谢我各地的了不起的工作伙伴，没有你们，爱的疗愈无法延伸如此之广，让我们在爱里成长，无怨无悔吧！

神秘公主幸福部落　www.princessmystery.net
上官昭仪的幸福微博　t.sina.com.cn/chaoyicolor
上官昭仪的新浪色彩世界　blog.sina.com.cn/chaoyicolor

昭仪写于 2011 年 5 月

Introduction
前言

　　这本书是通过色彩能量与天使频率启发的创作，为那些为爱困扰或想要寻找到真爱，或希望找到爱自己的方法以及渴望更了解自己的人所设计的能量书。

　　通过色彩能量，我们可以轻松地转运改运；而通过天使频率的振动，我们可以轻易地与内在最深的佛性（那个本来就如此纯净的值得被爱的我）连上线，使我们更能展现自己的才华，展现爱的本质，因为，人人都需要爱，都渴望爱，也都需要了解爱。

　　每个章节都有幸福小偏方，除了先介绍色彩在古代及神秘学中的意义外，还有各色彩及数字的特质、代表的象征符号、一年中随季节变换的金钱指数、健康福气趋势……当然，还有每类型人的爱情幸福配对，各类型人的色彩好运服装配搭法、幸运水晶以及如何运用正面的肯定句，连接你的守护天使。

　　您可以自每章节中，找到您需要的指引。如果，某一阵子情绪特别负面化或沮丧，可以把您的正面情绪肯定句背下来。一感到悲伤或低潮时，就提醒自己这些正面句，

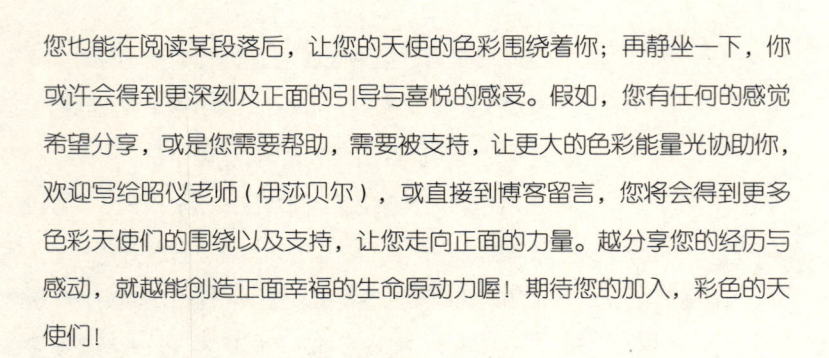

您也能在阅读某段落后，让您的天使的色彩围绕着你；再静坐一下，你或许会得到更深刻及正面的引导与喜悦的感受。假如，您有任何的感觉希望分享，或是您需要帮助，需要被支持，让更大的色彩能量光协助你，欢迎写给昭仪老师（伊莎贝尔），或直接到博客留言，您将会得到更多色彩天使们的围绕以及支持，让您走向正面的力量。越分享您的经历与感动，就越能创造正面幸福的生命原动力喔！期待您的加入，彩色的天使们！

召唤你的天使力量三步骤：

邀请　邀请这正面的光明进入生命

接受　接受正面语句的力量进入思想

成为　成为天使之光身体力行

黄 1号 光明天使

如果你的公元生日数字是1、11、21、31，那么你的一切都与"黄色"有关，将由"光明天使"来守护着你。

由光明天使守护的 1 号
黄色幸运儿

⭐ 黄色的意义＆古代神秘学中的意涵

黄色是光明的色彩，连接光明天使。

黄色是太阳的颜色，带来光明、温暖与希望，只要有黄色存在，就会充满了无边界的扩大感，冲淡了限制，也带来突破框架的机会。黄色是能激励振奋的色彩，也是跳动不安的颜色：如果心情不好，黄色可以带来更多的喜悦和快乐；但如果混乱不安，黄色也可以带来清楚和明白。

古代许多膜拜太阳的国家，都以黄色作为与神明沟通的色彩，像是希腊罗马的阿波罗神、阿兹特克的太阳神、埃及的拉神及依卡斯神等，又或是如同许多精神领袖的光芒等等，这些都代表了黄色的地位与神圣的意义。另外，黄色也代表了个人的见解与努力，因此，在古印第安民族中，也有以黄色来象征一个人通过自己的努力，最后可以明白造物主的意旨，达到通天的本领，并能将上天的智慧带到世间来。

⭐ 黄色的人格特质

黄色人可以为自己及他人带来光明，特别重视自我、乐观和自信、被尊重的感觉。如果感到不被尊重，他们会觉得特别失落，也失去了自信和勇气。黄色的人特别喜欢拥有自信后的喜悦，尤其是把所有事情弄清楚之后，特别开心与轻快。黄色人酷爱轻松与幽默，不喜欢太过严肃的情况。

1号型的黄色人特别需要阳光，因为1号的黄色人特别具有直觉力，能够超脱一般的现象，也超越思考的限制，可以计划未来、想象未来的远景。但是，若是失去阳光般的正面力量，黄色人就会容易迷失自我，失去中心，或是感到生命特别无意义，迷惘却不知道该如何面对，因此，常在清晨去接收阳光的能量，能增加个人自主的意志力并以正面心态面对挑战和负面思考。

⭐ 数字1型的特质

数字1型的黄色人，是整合及与众不同的代表。"1"就数字上来说就是一马当先的表现，看看"1"这个数字，你会看到独特的魅力，小到个人的"1"，大到完整世界的"1"，都是"1"的表现。因此，1型人可以感到孤单，可是也可以感到与宇宙合一的完整。

1型人有时可能过度天真，有时又像是个理想家，可以为了自己设定的高标准及崇高的理想而奋斗不懈。不过，不同形态的1型人还是有不同程度的发展；1日出生的1型人最专注于个人、自我的发展，甚至有时是自私的，但是也强调独特的特质；11日出生的1型人则更为强调自我特色，不容许他人的改变及质疑，不过当他们具有信心、感觉到被支持时，就比较可以软化一些强烈的个性，接纳他人；21日出生的1型人，有时会犹豫不决，但沟通表达的能力较好；31日出生的1型人，是 1 型人中最具创造力的，所以比较不会过度坚持己见。

★ 黄色的符号

正三角形，黄色的正三角形是 1 号型黄色人格的象征符号，能管理情绪，带来开心的自我意识。

★ 黄色人的金钱幸运指数

黄色是春天的色彩，一年之计在于春，因此，黄色人特别擅长做规划，也特别适合在一年的春季里做适当的财运整合和设计。黄色人要特别注意的是小心谨慎，尤其是在投资置产上，因为黄色人虽然聪明灵巧，但一遇到与自己相关的事情时，经常会感到怀疑不安，甚至自我怀疑并且没有自信心。

所以，若以一年的季节来看黄色人的金钱指数，春天的运气是最好的，若是能把握在春季(3—5月)保持正面乐观的态度，时时提醒自己如何能得到更多的金钱，遇到问题就请教前辈或是有经验的贵人，千万不能太过骄傲。黄色人特别需要谦和之心，则可以逢凶化吉，财源广进。夏季的天气稍嫌炎热，黄色人有可能会失了耐性，所以有时不宜太过冲动地做出花钱支出的决定。

到了秋天，黄色人会感到稍微开心一点，因为天气变得凉爽了些，因此，类似春季的感受及决定会再度出现，脑海中可能会有不同的声音，要自己做这个做那个，投资或想要多赚点钱的想法特别多。不过，秋季的想法只是回光返照，所以应该要深入浅出，不宜过度耗费心力在如何赚钱之上，而应该要学习如何让自己感到开心，学习艺术是一个好方法。到了冬季，黄色人要小心不要暴饮暴食，因为缺乏阳光，黄色人很有可能一个情绪不佳，就会胡乱花钱，把前三季累积的金钱耗尽喔！

★ 黄色人的健康福气趋势

胃部是黄色人最需要加强照顾的部位，其次是头部，尤其是睡眠质量的培养。所以，像是神经系统问题、精神衰弱、消化不良等，都是黄色人常犯的毛病。以下几个判断方法可以得知黄色人的健康指数：

1. 是否有口臭？
2. 腿部是否有赘肉？
3. 是否经常感到忧郁？
4. 神经紧张、胆小？
5. 皮肤是否容易过敏了？
6. 有肥胖、过重的问题？

如果以上的情况出现超过3项以上，那么，请加强照射黄色光源或太阳光，或是直接想象黄色光包围着自己，或是按压脚部的胃部区块——脚的大脚趾骨下的地方。

　　在每个月的下弦月时（农历十五满月到新月的十四天），此时对黄色人来说是最好的排毒时期，因此，可以特别进行排毒的饮食疗法，或是多饮用清洁的好水，以利于身体的循环与代谢功能的进行。

　　其次，多接触阳光是帮助睡眠最好的方式。对黄色人来说，很可能会有过度的神经质，常会胡思乱想以致心神不宁，还以为自己是特别地有灵性。因此，为了避免接收到宇宙中错误的讯息，吸纳阳光（或黄色光）的正面讯号，可以协助1号的黄色人把自己回归于中心，而不会胡乱地幻想，弄得甚至无法安心地休息。

　　一个月当中，黄色人最旺的时间多半是新月期，因为做完排毒之后，所有的事情都是清新且清楚的，此时的健康指数最高，但若是忽略了下弦月的调整，就很有可能在新月时候，所有的垃圾或问题都一股脑地跑了出来，所以对黄色人来说，排毒是每个月必备的功课之一。

★ 黄色人的爱情幸福激素

1号黄色人 vs. 1号黄色人

　　1号黄色人在选定爱情之前，总是三心两意，不能下定决心，两个黄色人相遇,试验期也多半如此犹豫不决。但两个黄色人相逢,初期总是觉得非常搭配,因为彼此的优缺点能一拍即合,心有灵犀。且一旦选择了爱情的目标,就会坚定不移,下了决心,就会牺牲一切,为了爱奋斗不懈。所以两个黄色人的组合初期总是甜蜜得不得了。

因为拥有带来光明与希望的个性,所以,聪明的黄色人总是可以左右逢源,开朗活泼可以带来极强的爱情运势,但若彼此都可以如此创造桃花,在爱情上就未必能互相信任了。因此,对1号的黄色人来说,虽然容易寻找到知音,但真正的对象却是不易觅得的,黄色人与黄色人的爱情,总可能因为层层的误解或是因为失去耐心去解释,最后无疾而终。而心中对爱情的高标准,个性上的聪明没耐心,自我意识高,又喜欢验证及辩证,所以当两个黄色人的耐心用尽时,就是爱情开始走下坡的时候了。

建议这样的爱情组合,能够多多说服自身,不要老是挑对方的毛病,应多看到对方的善与美,有时你眼见的也未必是真实的,因此,必须要学会沟通,不要太过度地强出头,或是老爱辩论,证明自己是对的。一有怀疑,不要马上下判断或决定,稍等一等,要知道有时你赢了世界,可能就输了最心爱的另一半喔!

1号黄色人 vs. 2号蓝色人

1号黄色人能带来光明与希望,但有时光明的背后正是黑暗,这个特质，非常容易被 2 号蓝色型人理解。不要忘了，蓝色人有时太过于抑郁，所以，他们也特别在意成双成对，特别需要友伴的支持和解闷。因此，对于爱情的选择，2 号蓝色人有时是随机选择的，遇上了就可以一拍即合，只要这个对象能带来开心与轻松感，让蓝色人的忧郁和阴霾一扫而空的，都可以因此成为另一半。

　　1 号型的黄色人，也正好暂时具备此一特质，妙语如珠的灵活度，可以让 2 号蓝色型人的情绪得到纾解。1 号黄色人特别需要鼓掌队，好的演员也需要有好观众嘛，所以这两位就会一拍即合，成为快速成军的一对知己。这样快乐的日子是真正很开心的，对蓝色人来说，太过沉闷是自己的缺点，龟毛又不轻易与人谈心，只能做表面功夫，也是亲密关系的一大障碍，所幸遇到一派轻松的 1 号型人，一切的问题似乎都不是问题。

　　相较于 1 号的黄色型人，2 号蓝色人在爱情关系上初期是略显依赖的，因此，喜欢展现自我风采的 1 号黄色人，容易搭配上渴望依赖的 2 号蓝色人；不过，蓝色人有时甚至不够信任对方且多猜疑，而黄色人则想多一点观众一起参与爱情游戏，这样的状况会随着蓝色人的幻想愈演愈烈，这些现象都会让 1 号黄色人只想越来越轻松，可不想被沉重的情绪拖垮。因此，爱情关系上变量横生。

1 号黄色人 vs. 3 号绿色人

喜欢轻松愉快的 1 号黄色人，一遇上了特别具有创造力的 3 号绿色人，大家都会觉得非常有趣，因此，这样的爱情是非常具有创意的：你们都喜欢给对方一些生活上的惊喜，在爱情的道路上，双方都知道生活上的创意是非常重要的开胃菜。

3 号绿色型人能满足 1 号黄色人的心，尤其是在饮食上面的用心。当黄色人想要吃什么，3 号人便会想尽办法让黄色人感到心满意足，哪怕自己不会做，买也要买到对方喜爱的。3 号绿色型的人虽然特别会满足对方，但也不会迷失自己，对容易怀疑或迷失的黄色人来说，3 号人的稳定和包容，可以让黄色人特别稳定及信任。

正因为不容易迷失自己，因此，黄色人才会特别感到安定，而绿色人永远都像是可以守候着黄色人一样，有时候，黄色人还会反过来特别担心精灵古怪的绿色型人，怕对方太受欢迎，忘了另一半的存在。而其实，不擅妒嫉的 3 号绿色型人对自己有着充分的信心，也知道如何善用自己的魅力，因此，特别能够拴住黄色人善变的一颗心，因为挑战很多，总令喜欢变化多端的黄色人应接不暇，感觉爱情关系十分过瘾。

喜欢社交的两个人，若能以宽容及信任的心来结交朋友，将会是很好的领导型人物，朋友会很喜欢与这样的一对伴侣结交，黄色人和绿色人的关系也会更好。

1号黄色人 vs. 4号金黄色人

　　这是一个绝佳的组合，金黄色人的智慧能深深了解黄色人的目的和感情走向。对1号黄色人来说，金黄色人像是前世的知己，不用多说，对方都会为自己准备得好好的，什么都不用操心。黄色人可以带给金黄色人轻松和安心，因为他们最欠缺的就是轻松和自在的感受，而这些，黄色人伴侣都可以达成，所以，这样的组合一拍即合。

　　当金黄色人太过紧张担忧时，黄色人会适时地出面调合；而当黄色人太过缺乏远见，失去目标，感到迷惘时，金黄色人就会以他的智慧来开导黄色人，让躁动不安的黄色人稳定下来。因此，虽然黄色人喜欢逞英雄，或是偶尔出去玩玩，但是，最终还是会回到家，等待最懂他的胃的金黄色伙伴做一顿好料理，让他感到开心。

　　因此，这对组合必须要能互相创造开心的感受，因为这是促进他们彼此交往的主要原因之一。不过，如果只是单纯仅有一个简单的理由而在一起谈恋爱，金黄色人有时是会感到不满足及孤寂的，因此，两人必须能有激励彼此增进智慧的方法，像是一起去听一场演讲或是一起去看场电影，回来可以一起讨论一番，这样就是这对组合最好的爱情润滑剂啰！

1号黄色人 vs. 5号紫红色人

遇到同类就能产生火花，产生感应。1号黄色人，在爱情的路上遇到5号的紫红色人，热爱冒险及无拘无束的情感关系，对1号黄色人来说真是太开心了。只要做自己，还有个愿意牺牲奉献、默默守候自己的另一半，这真是太好了！

黄色人的桃花与紫红色人的桃花，可是棋逢敌手的，紫红色人不敌的，是稍微闷了一点，因此，经常容易被易生疑心的另一半误解，不过在这里，1号黄色人并不在乎这些问题，因为1号人只希望能多有机会表现自己，希望一切能照自己的想法走下去，因此，给紫红色人较多的空间及喘息的机会，这样的爱情也较能走下去。

不过，1号黄色人的主导地位，是因为能给5号紫红色人表现其是个好支持者、好的关怀者以及好的守护与幕僚、军师的机会，但如果是多疑又经常不确定或怀疑的1号黄色人，可能就会多少与紫红色人有口角，毕竟，5号紫红色人可能会以为受到了黄色人的批评，而紫红色人最不愿意见到的，就是受到误解及批判。5号人也具有冒险犯难的精神，所以，尽管如此，在爱情关系上还是愿意与1号黄色人多做尝试，延续爱情的关系。

1号黄色人 vs. 6号红色人

想要一统爱情江山的1号黄色人，遇到6号的红色型人，相处的模式是十分微妙的，这是一对不易成功的爱情关系，需要极大的耐力和接纳挑战的包容心。6号红色人渴望在爱情关系中付出一切，牺牲奉献都无所谓，但需要对方的响应与分享，亲密的爱情是6号红色人渴望的，身体力行地表现出爱意及关怀，才能真正让6号红色人觉得是被爱的。

但是对于1号黄色人来说，这可就辛苦了，黄色人并不喜欢这样的奉献情操，而是觉得能够一起欢笑、一起从事些有趣的事情才是爱情的真谛。1号黄色人喜欢主控，由自己担任操控的主导者，然后自己再去把这场戏演好，6号红色人最好是当做喜悦的观众，一起分享演出成功的荣耀时刻就好了。不过，6号红色人却不甘寂寞，最受不了被冷落在一旁，因此，他们也想参与演出，一起夫唱妇随，两个人都是聪明的人士，都想要有所表现，爱情的主导权之争于是可能展开，落得不欢而散。

建议这样的爱情组合，最好从大处来看，也就是说，某些时候黄色人可以配合让红色人来做主玩玩，6号红色人也不需要总是依照自己的想法来行事，两方都可以好好互相地彩排一下，互相尊重。毕竟一个人有光明天使支持，另一个人有尘世天使引导，还是可以好好地服务众人、带来更多的欢笑与希望的好搭档喔！

1号黄色人 vs. 7号橄榄绿人

　　7号的橄榄绿人和1号的黄色人都是野心家,都很希望自爱情中得到利益,在豪门企业中的配偶式情侣,最多便是来自这种组合。1号人非常喜欢表现及掌握爱情游戏的主导权,聪明的头脑乐于给身旁的人带来好处,也希望通过自己的存在,能够让人感到明亮的特质,这是阳光般的1号人最希望能在爱情中展现的光芒。

　　7号的橄榄绿人,也是野心勃勃地想在爱情中得到所有的好处,希望有爱也有钱,因此对于对象的选择,可是非常高标准的喔!这个组合是很完美的,因为1号黄色人还是有不能与外人道以及分享的心事,这可是橄榄绿人的专长,倾听他人的心事,然后一掬同情之泪,甚至化身变成对方,不分你我。

　　7号人需要思索后才会行动,这样可以拉住有时欠缺思索清楚的1号黄色人,尽管1号人有时是满受不了7号人的慢动作及想太多的,不过,大体上来说,这还算是一个绝配,是不错的爱情搭档。建议两个人可以多去从事与海中生物有关的活动,像是去看海洋生态博物馆或是乘船、浮潜,去接触阳光和水的活动,这些都可以让两个人暂时放下过多的想法及怀疑,感受到世界的广大以及人类的渺小。这些扩展生命的经验,对这组爱情关系来说,不仅能够增加两人的甜蜜爱情,更能让两个人的心通过只是沉浸在单纯的自然世界之中,更紧紧相系在一起。

1号黄色人 vs. 8号橘色人

如果两个人都很希望成为爱情海中的霸主，那这世界中的战争可能是没完没了的。1号黄色人很希望能主导一切，对于爱情，总是以领导者的姿态来面对；但是8号橘色人可是不一样的狠角色，不是那么好掌握的，橘色人也喜欢自己做主，可不会只因为爱情就放弃自主权。

当然，也是因为橘色人对爱情和对人都很敏感，一点点风吹草动就会感到很紧张或是联想力丰富，同时橘色人很自豪的是自己的敏感度，这可是不容小觑的实力，怎可轻言成为他人的俘虏？因此碰上1号黄色人，大家应该都是聪明人，也都很了解对方在想什么，一场谍对谍的爱情游戏于焉展开，充满了精彩的情节和悬疑性。8号橘色人常以退为进，想要能掌握实权，因此常会先息事宁人，让对方占上风，然后再加以感化教育，让对方跳入自己的爱情圈套之中。

对爱情，橘色人的热情冲动可是胜过黄色人的，有时对于感官刺激和两人世界中的进一步肢体接触的渴望，黄色人有时可能会忽略，造成橘色人的不满。若是橘色人的需求经常被忽略，那么时日一久，承受不满的压力还是会造成橘色人的情绪反弹。当橘色人发飙时，黄色人可能还弄不清楚到底是怎么回事！建议这样的关系需要给彼此多一点空间，应当了解每个人都是独一无二的个体，两个人在一起不是让自己变成了无能的"半人",把痛苦欢笑的责任都丢给对方。若不能学着自己负起对自己的责任,这样的关系无法持久,也会很辛苦。

1号黄色人 vs. 9号紫色人

1号黄色人重实际,拥有远大的理想与想要一统江湖的决心,而9号紫色人同样也有远大的目标,不过,理想及思索的层面居多。因此,对于爱情,紫色人的爱常常是深沉或是充满幻想的,紫色人很希望建立自己心中最美的童话世界;而1号黄色人很容易也很清楚9号人的个性,因此,凭借着甜言蜜语的天生本性,1号黄色人可以轻而易举地令9号紫色人感到满意、喜悦,并且愿意全心托付给对方。

不过要不了多久,聪明的9号人其实开始明白,1号黄色人的舌粲莲花,令他感到自己很像活在神话之中,但是却不能长久。感到被欺骗的紫色人,容易由爱生恨,仿若置身地狱般地感到失望。黄色人请勿太过轻忽这段感情,因为这段感情能让黄色人学会如何成为一个真正有担当的人。黄色人需要快乐,因此,二人初期的关系是开心的,但若是一直坚持自己的价值观,那么后期的关系可能会辛苦许多。

这段关系如果不要彼此太过坚持自己的状态,能够以有弹性、不执著的观念来经营两人的感情,那么,这段感情还不会是太糟的关系,因为双方都可以由对方处学到优点,而不是只见到对方的缺点。这是一段有挑战性的关系，因为你们彼此挑战的是彼此执著的底线，请记得，有爱就能共渡难关。

1号黄色人 vs. 0号靛色人

这个组合象征了黄色人的快乐可以带给靛色人光芒，常将新的讯息带给靛色人，让对方感到有趣及温暖。黄色人阳光般的信念及勇气，可以鼓励靛色人勇往直前，这样的爱情关系是非常好的。靛色人有着清楚而敏锐的直觉与感受力，黄色人也经常会感到崇拜及欣赏，因此，在爱情中会是不错的搭配。

同时因为靛色人拥有变色龙的特质，接近哪种颜色就会变成哪种颜色，所以，黄色人的躁动不安也会影响到靛色人的频率。靛色人的冷静与沉着，是黄色人所没有的，虽然有时可能过于阴沉，不过，他依然是黄色人的头号偶像，丝毫未受靛色人人格特质的影响。

黄色人有时是很单纯的，在爱情上，虽然想成为一个领导者，并且成为注目的焦点，不过一遇到靛色人，总是有着不一样的感受及悸动。这段爱情关系中，两人若有着相同宗教信仰，可能会更能持久，因为在更大的力量之下，两个人都会臣服且继续努力认真地生活。这样的爱情关系可以化解黄色人的不安或短视，也能影响靛色人不会太过于唱高调，免得找不到对象。

好运配搭法

最适合1号黄色人的天使色彩，就是运用粉红色及黄色的服饰搭配，这是一个有利于爱情与人际的组合，能够放下批判，减少猜忌，并且能将心中的美与善充分表现出来，不仅能让他人感到柔和，也能让自己心中充满了对自我的关怀和支持感。

若是两截式的服装，上身意识层面可配以粉红色，以便转化内在不够柔和、有时可能过度苛责、无法真正对自己及他人慈悲、无法真正爱自己的困扰。对于梦境也特别有帮助。像是容易有情爱梦境的人、若是梦到自己爱上明星的人、活在幻象中的人都有帮助；下半身的潜意识层次上，可配以淡黄色，以便让自己的心智状态不再过度的迷惘或是迷信，因为对于1号黄色型的人来说，心智上的混乱最容易带来霉运，此时最容易误判、找错贵人，或是病急乱投医。

而颈部以上代表无意识层面，许多更深层的部分虽然我们不能明白，但却可以启发我们的惯性模式，因此，由你的习惯就能看出你的无意识面。这个部分必须加以启发，需要辅以启发性的工具，像是配戴水晶徽饰、耳环，如紫水晶或紫色系列的小饰品，都能加强1号黄色人的灵感及好运。1号黄色型人需要明白自己的灵性目标，也要学习专一及专注。以黄色为主，不妨试试让自己也创造出不同的搭配效果。

幸运水晶
琥珀、黄水晶

连接你的天使之光
1号黄色人的守护天使是"光明天使",光明天使特别容易启发人们内在的光明之源。若是1号黄色人感觉到有负面情绪,或是与1号黄色人相处接触上有任何问题,都可以向黄色之光的光明天使祈求。

与光明天使连接的肯定语:"请开启我光明的力量与连线,让我的身、心、灵充满灿烂的光芒;请启发我所有的想法,都充满正面的讯号与灵感。"

蓝 2 号 信念天使

> 如果你的公元生日数字是2、12、22，那么你的一切都与"蓝色"有关，将可连接"信念天使"来守护你。

由信念天使守护的 2 号
蓝色幸运儿

⭐ 蓝色的意义 & 古代神秘学中的意涵

蓝色是沟通的色彩，连接信念天使。

蓝色像是天空的色彩，当阳光穿透大气层，人们仰望天空时，映入眼帘的天空正是蓝色，因此，蓝色也是带来宁静、放松与安全感的色彩，正像蓝色的天包围着我们，蓝色的星球（地球）让我们生存及存在于这个世界上。蓝色也是可以让我们减轻压力的色彩，能够缓和压力所带来的压迫，比如面对权威的紧张，或是无法顺利表达自我的困窘。

蓝色在神秘学中也象征了宇宙的律法——关于自然、精神以及光的定义及规范，有时也可以帮助缺乏父亲或母亲关注的2号型人，这里所指的不一定是指形体上没有父母的人，而是指有时2号型人可能特别容易在成长过程失去男性如父亲或是女性如母亲般的指引，而使得内心欠缺了学习的典范或足以依靠的心灵长者。

⭐ 蓝色的人格特质

蓝色人个性多半沉稳，喜欢息事宁人，对于不了解的事情，绝不会随便出手，常需要一段时间的酝酿和了解。有时略显过于沉静，在紧张或感到压力大的时候容易出现情绪问题。因为不擅长表达，所以多半选择压抑的方式，可是有时却会忽然爆发情绪，因此，不稳定的情形也常造成自己的罪恶感，或与他人相处上的尴尬，事后常后悔不已。

蓝色人最好的个性就是甘草的角色扮演，常希望大家都能够安心及和谐，只是蓝色人有时会陷入比较心，一旦将心思放在竞争上的心结和纷争中，就会失去原有的和谐，与人争权夺利。当蓝色人能够明白这些都不是自己本来的面目时，就忽然能放下身段，成为团体中的润滑剂，并且能够开心地见到他人的美与善，也同时创造了自己的美与善。

⭐ 数字 2 型的特质

数字 2 型的蓝色人，多半会经历意志力的考验。"2"多半有助于决定，或是分工合作，而且还集合男性及女性面的双重角色于一身，因此，2 号型蓝色人也多半具有双重人格或是极端的个性，既想合二为一，又渴望独立，有时是十分矛盾的心情。但是这些都是因为 2 号型人希望能找到心中真正的信念与目标，以便绘出生命蓝图，也因此，当 2 号型人开始意识到自己内在的对立性时，就表示意识与潜意识的吻合开始明确；也就是说，心中的蓝图、创意或是任何直觉，都与潜意识中的那个远景相去不远，所以，此时若要明了更高层次的境界以及宇宙的真理，才是最容易的阶段。

不同的 2 号型人有不同的发展方向，像是 2 日出生的人，是特别专注于寻找上帝、寻找心中的神明或是寻找信念的殿堂，喜欢有人陪伴，对于友伴的事较在意，否则会觉得不知所措，没有目标。12日出生的人，比较渴望能找到知音，好好分享内心的世界，不熟的人恐怕会让他们有时难以启齿内心最深的故事，同时，因为有时像是孩子般的自以为是，让人觉得好像跟屁虫似的，可能有所图谋，其实12日出生的2号型人只是害怕孤单，所以需要学习独立自主，不能过度依赖。

而22日出生的人，对于人际关系的培养或是交际应酬，就会比2日和12日出生的2号型人表现得更好，比较没有前两者的内心包袱或是负担，同时也较为喜欢观察他人的互动。22日出生的人拥有特别的魔力，对于促进美与善的社会特别有力量可以达成，只要不过度折磨或勉强自己，多半都能创造出意想不到的惊人魔力。22日出生的人特别容易明了心灵层次的语言。

⭐ 蓝色的符号

倒梯形。倒梯形是蓝色人的专属符号，这个符号特别能放松充满压力的身心，平抚情绪上的失衡。

⭐ 蓝色人的金钱幸运指数

对于稳定、渴望守成却又充满野心想要稳定中求发展的蓝色人来说，春季的第二个月(像是4月)正是值得开发、大展身手的季节。这个时候还不是多雨的季节，气候也不是挺热的，因此对于蓝色人来说，是可以一展宏图、好好投资理财的好时机。不过蓝色人有时野心过大，贪念较重，想要鱼与熊掌兼得的心也较强，因此，很容易在最好的时节中因为犹豫不决或是找不到足以信任与托付的对象或产业，而因小失大，错失良机。对于个人的金钱，也很容易因此持平，意思是维持原状，无增无减。

除此之外，春季中的第一个月，3月是可以稍微构思与规划的时候，不宜出手太过大方；到了夏季，7月或8月对蓝色人来说尚可以撑下去，此时蓝色人倒不会有过多的冒险，充满阳光的季节对蓝色人的心具有澄澈的作用；但是从秋季开始，就必须特别注意情绪的管理。蓝色人经常失控于情绪问题，也因此让原本建立好的关系大打折扣，甚至一把莫名的火就烧掉了原先的金钱财运，因此，到了容易沮丧的冬季，就要小心因为一时的情绪问题，而冲动地做出决定，像是购买名牌，忽然很手痒地想要做以前不敢做的血拼，大量损失金钱的几率非常之高。

★ 蓝色人的健康福气趋势

气管及甲状腺是蓝色型人特别要照顾的健康区块，由于不经意的压力无法纾解，等到衍生为情绪的失控或是因为心灵上的缺乏信念，就特别容易暴跳如雷，对于自以为是的不公平正义都开始感到不耐烦，对事情期待过高或过度挑剔，见人就想说教或教训别人，或是因为生活无目标，因而大量投入到忙碌的工作之中，这些都可以造成蓝色人的健康障碍。以下是判断蓝色人的健康标准：

1. 从小是否有口吃的问题？或是经常有话闷在心里，不知如何表达？
2. 是否经常感冒，或是在季节变换时情绪容易变得不稳定？
3. 牙龈是否会三不五时地就出现问题，像是流血？
4. 总喜欢不断地忙碌，让自己闲不下来？
5. 小腿和脚踝是否经常会出现酸痛或扭伤？

如果以上的情况出现超过3项以上，那么，请多加强照射蓝色光源或是太阳光，或是直接想象蓝色光包围着自己，或多做肩颈部的按摩与放松舒缓。

在一个月当中，满月（农历十五日）开始最好能饮食清淡，尤其是多吃蔬菜水果类，但不宜多饮用果汁，以免囤积在体内无法代谢；下弦月期间（农历十五之后数日），这个时期最有利于蓝色人活动，因此，运动、排毒或是任何形式的按摩、能量调整等，都是最好的时机点。蓝色人若有信仰、信念上的问题时，可趁新月当天，做一次蓝色静心之旅，特别可以解除某些心灵和情绪上的问题。

⭐ 蓝色人的爱情幸福激素

2号蓝色人 vs. 1号黄色人

2号蓝色人特别在意成双成对，特别需要友伴，因此，对于爱情的选择并不严格，只要是能够让蓝色人的忧郁和阴霾一扫而空的，都可以因此成为另一半。1号型的黄色人正好暂时具备此特质，能够为人带来光明和希望，同时妙语如珠的灵活，可以使2号蓝色人的情绪得到纾解。有时1号黄色人也是不甘寂寞的，有演员也需要有观众嘛，所以这两位就会一拍即合，成为快速成军的一对知己。这样快乐的日子是真正很开心的，对蓝色人来说，太过沉闷是自己的缺点，龟毛又不轻易与人谈心，只能做表面功夫，也是亲密关系的一大障碍，所幸遇到一派轻松的1号型人，一切的问题似乎都不是问题。

相较于1号的黄色型人，2号蓝色人在爱情关系上初期是略显依赖的，因此，喜欢展现自我风采的1号黄色人，搭配上渴望依赖的2号蓝色人，由黄色人领军的爱情泰坦尼克，就开始航向未知的未来了。不过，逐渐地，1号黄色人很想要多一点观众，或是多几位将领一起参加冒险，而2号蓝色型人只想要留在两人世界中，并且，2号蓝色人并非真正的只能被领导。当他摸清楚黄色人的底细后，渐渐地也需要能领导这段爱情的走向，有时甚至不够信任且多猜疑，这样的状况会随着蓝色人的幻想愈演愈烈，这些现象都会让 1 号黄色人只想愈来愈轻松，可不想被沉重的情绪拖垮。因此爱情关系上变数横生。

2 号蓝色人 vs. 2 号蓝色人

有创意的 2 号蓝色人，遇上了同样的 2 号蓝色人，就好比是棋逢对手。如果两人有共同的宗教信仰或同样的兴趣、嗜好，甚至是相同的义工服务团体，那么，这样的爱情就会较为理想。2 号型人需要找到理念相投的对象，若是有个共同的信仰，共同的精神寄托，他们的疑心病就可以转化为虔诚与专注的信任。这对本来就没信心又容易失去安全感的蓝色人的爱情关系来说，是最好的搭配。

如果没有这样的共振，那么两位 2 号型人相遇将是不被看好的邂逅。倒也不是爱情走不下去，只是要有坚强的心脏以及阻止自己胡思乱想的果断，这样才能走得长久。

蓝色人特别容易吸收痛苦，也能承担责任与痛苦。要知道若承受太多压力，就一定会转化成身体或心理的疾病，这也失去了爱情相遇的宗旨，走入爱情，不就是为了要开心一点吗？当然，对蓝色人来说，更重要的是，如何有一个心灵契合或是可以紧紧相依、完全依附的对象。两个不成熟的蓝色人，最后就会流于互相的怨怼，因为大家都想依靠对方，可是，谁能被依靠呢？

2号蓝色人 vs. 3号绿色人

　　2号蓝色人遇到3号的绿色人，是非常适合的搭配，两个人都喜欢艺术、创意活动，甚至结交新朋友，参与社交活动。对2号蓝色人来说，一个人是非常孤单的，也提不起劲来玩，不过，有了对象就不同啰。虽然2号蓝色人并不在乎陪伴的是不是爱情上的伴侣，他只要有人能一起陪着就好了，所以，也总觉得自己不易寻访到真正的对象，不过，一旦这些都不是问题，出现了一个和自己志趣相投的人，2号蓝色人可是会卯起来相爱的。尤其3号绿色人会特别照顾2号蓝色人的需求，这可是如鱼得水般的快乐呢！因此，这对情侣可是很速配的喔！

　　如果两个人有共同的爱好，像是参加共同的义工团体或是加入博物馆的解说行列，这样就可以因为爱情而扩大生活圈子，也不会造成象牙塔中的世界，使两个人的圈子愈缩愈小。另一方面，多服务众人，可以让你们的爱情更坚贞，也会彼此多一点珍惜，这对于只想与自己的另一半厮守的2号蓝色人和只想好好服侍自己另一半的3号绿色人来说，都会发现，通过给予没有关系的人施与受，这样爱的质量会更好，毕竟你们是有能力给出的人，不妨把握这样的好心情，多尝试服务众人啰！

2 号蓝色人 vs. 4 号金黄色人

对 2 号蓝色型人来说，4 号金黄色人的安定可以令 2 号蓝色人感到非常安心。特别在意成双成对的蓝色人，其实并不是很介意陪伴的人到底是不是爱情上的另一半，因为没有安全感，所以也不想感到受伤，或是因为有所期待之后所受到的伤害。这种不信任和没有安全感，完全感受不到信念天使的照顾与守护，因为 2 号蓝色人是特别容易产生信念障碍的。所以，当遇上了在很多观念和行为都可以搭配的 4 号金黄色人时，智慧天使引导的 4 号金黄色人特别具有相处上的智慧和幽默感，因此，2 号蓝色人会感到放心，也会觉得受到了应有的照顾。

4 号金黄色人是个务实的好对象，因为凡事事必躬亲，并且一旦爱上了，总是会尽力地展现自己能够承担责任的那一面，因此，也会特别照顾另一半，只要是另一半的需求。2 号蓝色人和 4 号金黄色人都希望能竭尽所能地满足对方，这是他们爱自己的方式，也是他们渴望赢得爱情的方法。这样的搭档不错，不过，有时金黄色人太过务实，会让渴望浪漫的 2 号蓝色人有点小失望，虽然这样并无大碍，但是，让自己的爱情多少能有点惊喜，还是有其必要性的喔！

2号蓝色人 vs. 5号紫红色人

喜欢体验生活的5号紫红色人，初期的细心体贴，特别能吸引2号蓝色人。蓝色人真正的宁静与体贴的个性，其实才是深深吸引自由不定的5号人的主因。5号人有时是矛盾的，因为既能照顾他人，从小就能了解他人的心与感受，可是又很渴望自由自在，不想被拘束，一遇到2号的蓝色人，紫红色人忽然有一种仿佛回到儿时的经验。这让紫红色人有了一种弥补的感觉，好像被童年记忆的家人补偿了未被呵护的家庭感受，这使5号紫红色人的感受能够完整，因此特别喜悦能接纳2号蓝色人的照料。

2号蓝色人特别渴望能由5号紫红色人身上得到自由自在的信念。有时候，5号紫红色人很容易鼓励他人，虽然自己可能是很机车或是不敢冒险的（幻想冒险和真正去冒险是有差异的），但是却特别容易煽动人心，让别人变相地照自己的想法运作着。而2号的蓝色人缺乏的就是这种鼓舞，因此在爱情关系中，2号蓝色人也特别会学习这个特色，希望自己能跟随对方去流浪或是来个新冒险。只可惜，相处不必太久，固执又保守的2号蓝色人，老是怀疑，又因为不安全感而频频想要掌握爱情的主控权，因此，这很容易令胆小如鼠的5号紫红色人逃之夭夭喔！

2号蓝色人 vs. 6号红色人

6号红色人遇到2号蓝色人，这可真是天作之合呢！容易不信任及怀疑的2号蓝色人，终于遇到了可以奉行爱情牺牲理论的6号人，而且6号人的身体力行，绝不只是说说而已的作为，让2号人好放心，好感动，也好满意。这是一个可以因为不断地实践与证明，而充满信任感的爱情组合。对2号人来说，稳定中求发展，要踏实一点的爱情才不容易发生意外，6号人可是可以全力配合的。2号人有时太过沉闷，6号人会适当地开解，并且搂搂抱抱一下2号人，撒个娇，就一切改变了。6号红色人的积极与热情，遇到2号人特别容易施展开来，主要是被信任的爱情可以带来更多的创造力与影响力，也能启发一个人的灵感，激励红色人勇往直前。

6号红色人喜欢稳定的2号人，因为在生活中，务实的6号人还是不会太天马行空的，而2号人擅长沟通表达，社交能力不错，这些都可以让6号红色人觉得欣赏。不过6号人应该要注意身体健康，太过度耗用能量、虚弱的依赖有时会让2号人感到吃不消，所以，两个人需要对于保健常识和养生学都有点研究，才能学习在爱中成长，互相扶持。

2号蓝色人 vs. 7号橄榄绿人

　　2号蓝色人虽然喜欢思索，又精于沟通表达，是个社交奇才，不过在爱情中，还是个依赖性极强的另一半。7号橄榄绿人遇上2号的蓝色人，最吸引橄榄绿人的就是一场你来我往的脑力激荡，非常愉快地互相欣赏，高手过招，两个人不打不相识，喜相逢之后，可能天南地北好好讨论一番，这真是个有趣的相识经验。

　　不过，爱情的路上可就不一样了，2号人很希望7号橄榄绿人能多体贴、多倾听，最好一颗心全在他的身上。不过，7号的橄榄绿人一颗心却始终在探讨世界的真理，在外面倾听太多了，回到家很想对另一半多倾吐一些，所以，若是7号人不想多说话，可能2号蓝色人会感觉不被重视或是对方已经不再爱他了，这样可能很容易会引发两人之间的争吵。

　　爱情的憧憬是两个人不同调的地方，7号的橄榄绿人真的很想要有一个志同道合的人，希望能有个独立个性的对象，而不希望是一个只想黏着的另一半，因此，若是两个人希望能好好地走上爱情的道路，可能需要好好地、诚恳地谈一谈，不需要弄到心碎又怨恨，做不成爱人还是可以做朋友的。

2号蓝色人 vs. 8号橘色人

  8号橘色人喜欢爱情能够甜甜蜜蜜，你侬我侬，两个人加在一起变成一个人，这样的浓情蜜意，2号蓝色人特别能配合。2号蓝色人一直希望能找到爱情的归属感，因此对于爱情关系抱有较高的期待，也希望能有个知心的伴侣相陪，不再感到孤单。8号橘色人的热情与感官上的性吸引力，对2号人来说是很棒的经验，特别是8号橘色人的浓密的爱和掌握一切的爱情进度，初期让2号蓝色人是真的满喜欢的。

  橘色人特别努力想要经营好两人的关系，不过有时候动机与企图心太强了，结果似乎有点揠苗助长，弄得爱情的火苗烧得更凶，太过于主控的方式，长期下来会令2号蓝色人感到有压力，想要逃避这样的爱情，不想要这样浓烈的依存关系。似乎是两个半人，或是一个人要撑着另一个人，要全权负责另一半的喜怒哀乐，这样的压力，会令2号蓝色人真的想要逃跑，同时也会对这段爱情关系感到负担过于沉重。

  最好的方法是两个人能够一起去学习面对爱情关系，橘色人若感到对方并不配合，常常会歇斯底里地以各种方式达到目的；而蓝色人一但感觉到对方不如自己的预期，则变得冷漠不在乎，这样的举动会令橘色人更为抓狂。所以，沟通，一起释放压力，共同讨论两人的内心世界，学习包容与宽容，如果可以这样改变，这样的关系是绝对适合的。

2号蓝色人 vs. 9号紫色人

9号紫色人对爱情的憧憬是很强烈的，遇上了一样对爱情有憧憬和信心的2号蓝色人，两个人一拍即合，如鱼得水。9号紫色人渴望建立一个没有失望的爱情国度，2号蓝色人也是一样，若不是深深相遇，这两种人并不会一头栽进去，尤其是2号蓝色人，没有远大的目标与理想，是不会掉进爱情之中的。

不过，当蓝色人遇到9号紫色人，却为紫色人的奉献与真诚所感动，紫色人的执著深深感动着蓝色人，让他们感受到无比的支持与温暖，所以蓝色人愿意在自己的生命蓝图中，接纳这个可以共同走下去的另一半，同时共同创造生命的远景。对紫色人来说，一起创造是何等美好的状态呢！这也是紫色人所期待的呀，这样的爱情关系仍是建立在一个互相心有灵犀的基础之上，两个人对于生命的目的与方向都有着共同的悸动与追寻，因此，2号蓝色人的目标与爱心，可以深深滋养紫色人的身、心、灵。

不过，两个人都可能有着太不切实际的生命态度，有时紫色人太过情绪化，会令蓝色人想要逃走，但是，深深的缘分紧紧牵系着两人，要想逃跑也不是那么简单的。紫色人特别吸引人的个性和慧黠，是让蓝色人最深爱且不能自拔的魅力。

2号蓝色人 vs. 0号靛色人

0号靛色人遇上2号的蓝色人，初期靛色人是感到不太能适应的。蓝色人特有的固执与坚持，有时不近人情的坚持或情绪化，让靛色人百思不解。不过一旦明白蓝色人的心态、其生命观点及对事情的看法，就不难知道为什么蓝色人有莫名其妙的坚持，这让蓝色人自己拼得很辛苦。在爱情关系中，靛色人一直想要解决这个部分，让另一半好过些。时日一久，有段时期靛色人是被同化的，不要忘了特别有潜能的靛色人，是近朱者赤、近墨者黑的，因此，靛色人仿佛被另一半掀起了强烈的蓝色坚持，所以也变得一样固执了起来。

蓝色人希望靛色人能看到他们的努力，并且希望得到称赞，不过靛色人就是不肯说，蓝色人感到失望又失去信任感，怀疑与不安在两人之间展开。蓝色人看不到靛色人的直觉，除了羡慕外，也心生妒嫉，希望自己能如同靛色人一样，于是爱情关系像是一场谍对谍，如果靛色人此时能明白蓝色人的心态，以爱和慈悲来化解蓝色人的心理失衡，就能引导蓝色人走向心灵平静的大道，此时两人的爱情关系才会从竞争转向深情的爱。

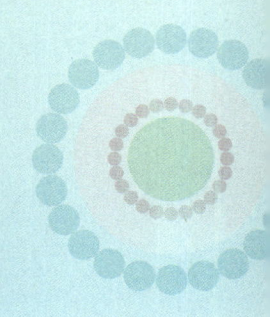

好运配搭法

最适合2号蓝色人的天使色彩，首先就是运用粉红色及蓝色的服饰搭配，这是一个有利于疗愈内在孩童的色彩组合，也是有益于人际关系的组合。两截式的服装，上身意识层面可采用蓝色，以便强化意识层面的追寻，就像是找到生命的任务与目标，能够知道影响情绪失衡的来源何在，转化内心的信心，能够使来自父系家族遗传的影响转为正面的力量。对自孩提时代就出现的像是容易有权威崇拜、迷信父权、无法为自己做决定、容易受男性左右的2号蓝色人都有帮助。

下半身的潜意识层次上，可配以粉红色，以便能支持自己"做自己的主人"。有时候，爱自己或支持自己并不需要向外求得，对容易依赖或孤立的2号蓝色型人来说，能够明白这个道理是最重要的。因为心灵上的混乱，最容易为2号蓝色型的人带来情绪失控及生理疾病，进而影响到人际关系。

颈部以上代表无意识层面。因此，许多更深层的部分对蓝色人来说深不可测，却非常重要，因为蓝色人很多的创意与灵感都来自这个层面，因此，建议可搭配蓝色系的水晶或宝石项链或耳链，这些都能加强2号蓝色人的内心平静感受。手链也是不错的搭配，越纯蓝色越好。以蓝色为主，不妨试试让自己也创造出不同的搭配效果。

幸运水晶
蓝纹玛瑙、蓝宝石

连接你的天使之光

2号蓝色人的守护天使是"信念天使",信念天使是专门启发人们内在的信任之光的。若是2号蓝色人感到失去了信心,找不到心中的安全感来源或是与2号蓝色人相处或接触上有任何的问题,都可以向蓝色之光的信念天使祈求。

与信念天使连接的肯定语:"请开启我信念的力量与连线,让我的身、心、灵都充满平静的光芒;请启发我所有的平静,让我的情绪充满祥和的力量。"

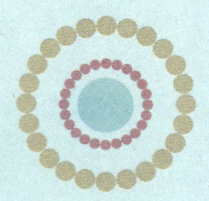

绿 3 号 慈悲天使

如果你的公元生日数字是3、13、23，那么你的一切都与"绿色"有关，将可连接"慈悲天使"来守护你。

由慈悲天使守护的 3 号

绿色幸运儿

⭐ 绿色的意义 & 古代神秘学中的意涵

绿色是慈悲的色彩，连接慈悲天使。

绿色是自然与和谐的颜色，对于自然界的一切，都能以绿色代言。绿色可以带来空间感、能延伸时间感，故可以帮助人们做决定。绿色也是中性的色彩，不会过度激烈，也不会过度冷漠，充满了包容和宽大的力量，所以绿色人多半像是大哥大姐般具有可以照料他人的能力；而绿色具有生命力，所以在颜色中，向来以绿色来表达情感，是表现情感张力的色彩。

在神秘学中，绿色也与大自然具有一致性，是生物精灵的色彩，另外，也是象征迈向开悟之路的骑士的颜色。不过绿色特别强调自我，所以也会特别在意与自己相关的事物或财产，因为绿色与金钱有关，但是金钱得自于丰富的理念，若只想自私地拥有金钱，这会违反绿色人的宽容与无私精神，反而招致匮乏；另外，因为绿色与情感有关，所以，绿色人也特别容易有负面情绪，特别喜欢掌控、爱做老大、听不进他人的意见；更要命的是，绿色人天生的妒忌特质，使他们贪婪的特性容易显现出来。

⭐ 绿色的人格特质

绿色人最能带给他人的，就是广大的胸怀与结交朋友的海量。对绿色人来说，人只有两种，一种是友，一种是敌，不过这些分类只会出现在绿色人的心中，不会明显表现出来。绿色的人特别喜欢成为他人的支持者，尤其是政治狂热或是宗教的精神，这些都看绿色人的目标何在。如果绿色人确定自己想要的，就会全力以赴，为了目标而牺牲奉献。

3号型的绿色人，特别容易因为被误用了同情心而被利用。如果有人告诉3号型绿色人一个可怜的故事，那么，他们就会深深地相信并且一直在思索，如何可以协助对方渡过难关。所以，最容易上当或是被骗的，也是3号型绿色人，尽管他们都看起来很聪明厉害，但是，他们柔软的心及耳根子却经常有可能因为弄不清楚方向而误判呢！

⭐ 数字3型的特质

数字3型的绿色人，是创造力极强的类型。他们可以快速将信息整合，融合成新的艺术。"3"也是继"1"和"2"之后，能够平衡的数字类型，因此，天性乐观的3号绿色型人就算遇到挫折，也会想要再创个新的局面或重新出发。3号型绿色人很喜欢人群，也为人群所喜爱，因为他们需要被关怀、被爱，所以，为了这个需求，会特别关怀他人，以得到所期待的关爱。因此，绿色人多半会做很多事，以换取渴望中的爱与关怀。绿色人也是最能为朋友着想，为朋友两肋插刀的人。

不同的3号型人有不同的表现方式，像是3日出生的绿色人，对情绪的张力最为敏锐，对于各种感受，小至个人，大到群体的感受或集体潜意识，都可以很敏捷地接受到如潮水般的波动与频率，对于动物的世界，尤其有感受并能够理解。而13日出生的绿色型人，则是喜欢想清楚后再出发，天生的慈悲有时需要清晰的头脑及想法，才愿意付出感情，将感受表达出来，因此，13日出生的绿色人特别适合从事艺术、舞台剧或是创意开发型的工作。23日出生的绿色型人，对于植物精灵的世界特别有兴趣，他们也多半能特别感受到这个世界的力量及运作，因此，像是与植物有关又或是经常接触自然界，以得到身心平衡的喜悦与灵感的工作，很适合该日出生的绿色人。

⭐ 绿色的符号

圆形。圆形是绿色人的幸运符号，这个符号特别能改善亲情的问题，平衡日常生活中的饮食习惯。

⭐ 绿色人的金钱幸运指数

绿色是生命的色彩，因此，不论是在绿意盎然的春天或茂盛的夏天，生命慢慢蛰伏的秋天以及准备蓄势待发的冬天，都特别能符合绿色型人的金钱活动。对绿色人来说，想要钱不是难事，可是若要有绿意盎然的生命力创造金钱，就会令3号型绿色人面临考验。因为当一个人什么都没有时，在思想上，是可以乐于分享的，然后，一旦拥有一点点，尝到一点甜头又或是具有更多的资源时，绿色人是否愿意将由内而外的创意、概念甚至是情感部分分享出去，丰富自己以及丰富他人，这就是绿色人财库的来源。

所以，一年四季中，3号绿色型人应该运用其敏感度，创造更广大的利益给众人，那么，绿色人就会因为助人而得到更大的利益。因此，在春季，绿色人必须多多广结善缘，如果遇到好的投资机会或是赚钱的消息，记得千万不能只留给自己，每一个接触到的人或是合伙人，都可能是你的贵人；到了夏季，最好是"起而行"，此时最容易有各种赚钱或是升迁的机会，因此，绿色型人最好要记得感恩，感谢那些你的恩人，还有你的敌人。没有令你痛苦的对象，你就无法得到更丰美的果实；秋天是酝酿的好机会，因此，绿色型人不妨趁此时机与好友共商计划；冬天则可以好好休息，一颗心在冬天不宜有过多的竞赛和斗争，尤其不适合发怒或是怨恨，这是绿色型人财运上最大的障碍。

★ 绿色人的健康福气趋势

心、肺是绿色型人特别要关心的健康区块，由于经常用"心"去计划以及情感上的过度敏感，使得绿色人一个不小心就会造成心肺功能的压力，有时就会用"吃"来解决情绪问题，结果造成了过度肥胖以及没有能量去行动或运动，形成恶性循环。以下是判断绿色人的健康标准：

1. 偶尔会岔气或是心绞痛？

2. 暴饮暴食，有时完全紧张或忙碌到不想吃饭，有时却又好像可以吞下一头牛？消化系统是否不太好？

3. 家族有癌症或心脏病病史？

4. 有痛风或是易有脚部方面的问题，容易晕机、晕船或晕车？

5. 记忆力明显减退？

如果上列的情况出现超过3项以上，那么，请多加强照射绿色光源或是太阳光，或是直接想象绿色光包围着自己，或是可以多去做足部按摩，或是到海边泡在疗愈的海水之中。在一个月当中，大自然有其一定的律动及法则，因此对绿色人来说，能了解自然的律动，明白天地的运作，这样心的律动就能自然地具有生机，绿色人的意志力就会得到改善。

每个月之中，新月当天，绿色人需要特别为自己设定一个目标，并且贯彻执行，这个目标是为了要断除一个长久以来的困扰，但不必太艰难，只需订一个维持一天的目标即可。例如，在这一天中，绿色人必须维持一整天不吃肉，每次需要设定一个简单、有挑战性又容易达成的目标；其次，满月的时候，绿色人最好能去放松一下，或许是做个精油能量调整，又或是去游泳、泡泡三温暖，若能到大自然的环境中当然最好，这些都可以帮助调整身体状况。

★ 绿色人的爱情幸福激素

3号绿色人 vs. 1号黄色人

3号绿色型的人擅长照顾他人，对于爱情也总是尽心尽力，总希望另一半也能以同样的方式对待他们。3号绿色人与1号黄色人相遇，多半深受黄色人的乐观开朗所吸引。对方偶尔希望有点空间，出去找找乐子，3号绿色人自己同样也需要爱情以外的空间及朋友，所以，两人会有适当的爱情默契，而不会过度沉溺于爱情的两人世界之中。天天腻在一起也容易有窒息的感觉，这不是绿色人喜欢的爱情世界，对他们而言，这样并不是最完美的境界。

绿色人倾向于努力达成黄色人的欲望，希望能令对方满意，不过，3号绿色人充沛的创造力，却不会让自我失去重心，因此，对于容易迷失的1号黄色人来说，特别具有安定的力量，就像是小孩离家出去玩，可是最后还是知道回家一样。绿色人就是有这样的意志力可以守候1号黄色人，而黄色人也因为明白绿色人的包容，因此，有时倦鸟知返后，反而会特别地恩爱，知道家花还是比野花香的。

要留意的是，一旦黄色人打翻了3号绿色人的醋坛子，那么，一场加倍的风暴自是在所难免。3号绿色人不是没有感觉，只是自己会合理化解释，有时还会稍具城府地设计黄色人的罪恶感，好让对方更爱自己。不过，绿色人有一定的忍受范围，超过了这个限度，绿色人不仅会壮士断腕，可能还会加倍奉还，因此，黄色人的游戏应该要适可而止，不要欺人太甚喔！

3号绿色人 vs. 2号蓝色人

喜欢艺术及创意活动的3号绿色人，对于真理的追寻非常在意，同时也相信爱情关系不是偶然的事件，因此，特别理想主义又有点宿命的3号绿色人，最大的梦想正是希望能遇到灵魂伴侣。

能够与心灵相契合的对象相遇，在3号绿色人看来是可遇不可求的美事。因此，当他们遇上了正在寻找生命目标及信念的2号蓝色人时，两人如鱼得水，因为两个人都是具有情绪敏感度的人，敏锐又纤细，都渴望在爱情关系中一起体验彼此间的情绪变化，并且互相给予对方心灵疗愈的机会。两人都热衷于追寻成长的记忆，对于从小的成长过程、家族的影响等，都会努力地探索及体验，与这类相关的艺术平衡与治疗，更是两人最喜欢的共同嗜好。

同时，两个具有创意的人，也不排斥更多的新体验或冒险，因此，2号型蓝色人常会在3号绿色人的鼓励之下，去从事一些新的创意活动或商业行为。这样的爱情关系十分速配，也常能开花结果。不过，3号

型人要留意，不能因为 2 号型人的个性安定就玩心大动，这样只会破坏爱情关系，失去 2 号蓝色人的信任。而一旦破坏了这层信任关系，缺乏安全感的 2 号型人会变得歇斯底里，完全失去判断的标准与信任，这时要再重修旧好就会十分困难了。

3 号绿色人 vs. 3 号绿色人

3 号绿色人是创造型的好手，对他们来说，不论开心或不开心，只要设定好目标，他们都能全力以赴，只不过若是开心的时候，创意更是源源不断。在爱情中也是一样，绿色人需要对方的搭配才能有好的演出，因为绿色人正是好的演员。不过，他们之所以要面面俱到，有时是因为自己太过于理想主义，也不认为别人能把事情做好，所以，对他们来说，倒不如事必躬亲，凡事自己操作，以免生变。

这样同类型的两个人相遇，到底谁该做主呢？两个人心中都有着美好的蓝图和远景，就是不知道谁能主导谁，谁当导演，谁当演员。因此，这样的两个人似乎做朋友的时候互动较佳，一旦成为爱情伙伴，可能会口角不断，冲突与日俱增。

唯一之计，就是两个人要学着放下，学着信任，学着能以自己本来就具有的长处——慈悲的关怀和宽容，让彼此都有点发挥的空间，这样两人在爱情关系中才能真正地成长，否则，恢复单身就好了，何必痛苦地绑在一起呢？其次，也可以试着告诉自己：不完美才是正常的，因为凡事并没有所谓的完美，永远都有做得不够理想、需要改进之处，千万不要觉得别人的参与会破坏了自己的艺术品，否则，3号人将会永远拿不出一件满意的作品的。

3号绿色人 vs. 4号金黄色人

这段爱情关系是有点辛苦的。对3号绿色人来说，爱情是什么？爱情是创造力的展现，能够让生活有更多的挑战和刺激；对于爱情，3号绿色人有着天真的幻想，总是希望能在感情世界中遇到完美的另一半。因此，对于初次相遇的金黄色人，两人若能够在一起谈恋爱，那么金黄色人一定有深深吸引绿色人的完美特质。

在这样的吸引力之下所展开的爱情之路，总会希望美梦不要幻灭。对绿色人来说，喜欢照顾人，有时当然也希望能被另一半好好照顾，既然自己是可以好好照顾对方的好对象，所以也希望能与适当的人相遇，因此怀抱着能创造浪漫的爱情，并且与对方共享所有开心体验的希望。

然而对于想要安定的4号金黄色人来说，爱情不仅是浪漫，还包括生活的所需和必需，因此，务实的金黄色人总希望能建立一个安稳的环境与安定的爱情关系，这对于3号绿色人来说固然不错，不过有时口角也正是由此产生的——3号绿色人还想再出去走走玩玩，多一点创意

及开心的活动,而不是紧张地配合4号金黄色人的生命目标,因此,两个人有时还是无法协调一致,爱情的道路时走时停,格外辛苦。

3号绿色人 vs. 5号紫红色人

3号绿色人对爱情的憧憬,比5号紫红色人大得多。对紫红色人来说,爱情其实常常只是因为同情弱者或是喜欢挑战而发生。5号紫红色人想要自由自在,不过在明了这个道理之前,并不是真的能享受自在的感情的,因此,其实5号紫红色人是想通过许多交际应酬,遇到可能的适当对象。3号绿色人,就是这个随机中的好运,绿色人特别喜欢照顾他人,有爱心和慈悲心,他们惯常扮演的这种大哥哥大姐姐的角色,总是为他们带来爱情的对象,紫红色人正是因此被吸引而来的。

紫红色人喜欢自由自在,不过也喜欢享受被照顾的喜悦和乐趣。这样的爱情关系容易发生在社交场合中。紫红色人虽然喜欢成为偶像或是受人崇拜,不过自己也十分崇拜偶像,因此,只要在社交场合中,谁成为主角,就特别能激发紫红色人的挑战欲,想占为己有或证明自己的魅力。绿色人其实占有欲也很强,所以,当感到被占有时,不太会排斥,相反地,反而也能因此占有对方,因而感到特别舒服,对爱情特别具有信心。不过,5号人有时不太希望被3号人管控,所以两人的关系时而像爱情,时而只是像纯友谊,因此,除非3号人能接受5号人的玩心,

否则这样的爱情路还有得走啰！

3号绿色人 vs. 6号红色人

3号绿色人与6号红色人都有一股照顾人的天性，这个天性是使两人的爱情关系特别美好的原因之一。绿色人喜欢当老大，喜欢来点新鲜的、有创造性的，若是一直重弹老调，有时会觉得很烦闷。6号红色人则不会让绿色人有这样的机会，因为他们会好好地照顾自己，也照顾另一半，互相能懂对方的语言。

两个"3"相加等于"6"，6号人特别能明白3号人的小脾气、妒嫉心或是耍的任何心眼，因此，基于对对方家庭状况或成长背景的理解，也特别会有一份疼惜的心。有时6号红色人反而疼惜一直喜欢把所有事揽在身上的3号绿色人，连他们的抱怨都是可以理解的。对于过分宠爱绿色人，红色人一点都不在乎，也很喜欢这样的包容和爱情上的扶持。建议这样的关系得来不易，3号绿色人应该要好好珍惜，不能恃宠而骄，红色人发起脾气或是倔犟起来，也是挺要命的，这时绿色人是完全玩不转的。

一段关系有时就像打太极拳，两个人要能有来有往，红色人切记不要一下子冲动地让对方直捣黄龙，这样就连余地都没有啰！而绿色人则应该要深深明白，一段理想中的爱情关系不容易建立，如果碎嘴子叨叨念，会很容易破坏彼此间的信任，不能不小心行事喔！

3号绿色人 vs. 7号橄榄绿人

两个志同道合的人，想要一起追寻天上的星星，不是吗？远大的理想需要有同志相伴，同志最好就是另一半啰！这两位都是很想把事情弄清楚的类型。喜欢照顾人又古灵精怪的3号绿色人，很喜欢围绕着7号橄榄绿的另一半问问题，通过对方的想法，3号人常常能有更多的灵感被启发出来。

7号人是优秀的治疗师，所以3号绿色人非常喜欢与对方谈心事，尤其两个人都可能需要大自然的启发，因此，一起去水畔海边走走，吹吹海风，在海风的吹拂下好好谈谈心，这些都比窝在家中来得愉快。对3号绿色人来说，想拓展视野，放下心里的结和情绪，是在这段爱情中最期待的事，而橄榄绿人好不容易遇上了心肠好也同样具有治疗师特色的对象，怎能放过呢？因此，总希望能多向对方坦白心事。

不过，越坦白聊心事，就可能越让两个人感受到彼此的差异性，7号人想深入一点探索，不过3号人已经感到满了出来，觉得不能够再继续深入下去，太多的包袱可能会让3号的绿色人感到太过沉重，所以，有时候会感到越来越不同调，爱情的路走得有点辛苦。建议两个人学习认识彼此的异同之处的同时，也要拓展心的视野，很多事可以学着放下，不需要紧紧抓住，只要能一起开心地体验爱情，就不枉两个人相识一场啰，一场爱情就算不适合，也能再期待下一次！

3号绿色人 vs. 8号橘色人

贤内助8号橘色人，能够激励3号绿色人更上层楼，也能指导3号绿色人平步青云。3号绿色人有创意又慈悲柔软的内心，喜欢照顾另一半，虽然偶尔占有欲特强，不容许一粒沙子出现，但是，总的来说，还不算是橘色人所讨厌的类型。橘色人喜欢3号人的聪明有创意，态度轻松又能兼顾另一半的感受，这对8号橘色人来说是非常重要的；若不能照顾到感觉，也没有创意，橘色人会感到非常无聊，也会有挫折感。

这样的爱情关系，3号人可是感到很有趣的，也愿意去配合。喜欢照顾人的绿色型人，对于"爱上了"这码子事，是会配合对方做改变的，也因此，只要是橘色人提出的任何要求，绿色人能做到的，都会全力以赴。其实橘色人所不知道的是，绿色人对每个人都会这样努力照顾，这是他们天生的使命感，并非对橘色人特别好；但橘色人可能以为对方只对自己一个人才这样，所以心里倍感甜蜜。因此，当橘色人发现这个事实的时候，可能会略感到失望难过，甚至会有点小脾气。

不过，若是橘色人发现绿色人对自己是如此要命地在乎时，绿色人的占有欲，便能够弥补橘色人先前的失落感，因此，完全可以重新感受到绿色人的爱与需求。这样的组合满不错的，3号绿色人是很喜欢发现及创新的类型，因此，对上了不按牌理出牌，有时很小孩子气的橘色人，倒是不错的搭档。

3号绿色人 vs. 9号紫色人

9号紫色人遇到了3号的绿色人，绿色人的善良与积极、乐于助人，是一开始吸引紫色人的关键。紫色人有着崇高的生命目标，因此在爱情的路上，本来对恋情不甚看好的紫色人，很惊讶能遇到与自己一样乐于助人的3号绿色人。因此，在这样的爱情关系上，是非常好的一段相遇。两个人能够目标一致地面对外在，一起有着共同助人的心，然后又一起有着营造爱情的准备，这样的爱情走来，即使有困难也不难度过的。

绿色人有时与紫色人一样，照顾过了头，于是两个人都期待对方能够给出多一点的爱，这样就会造成关系上的紧张与不安。当两个人都感到匮乏时，可能会希望对方能多给予一点，这个时候两人不妨以"心"的感受一起度过，最好能学着一退一进——当一个人感到压力大时，另一方就必须慢慢地接纳或是晚点再发泄。切记千万不要每次总是绿色人在做心灵辅导的工作，而当绿色人需要独处时，紫色人也要能互相支持或尊重彼此的需要。这样的爱情才能够长久，两人的甜蜜关系才可以维系下去。

3号绿色人 vs. 0号靛色人

　　3号绿色人并不想见到阴阳怪气的靛色人，不过因为整个状况实在是太神秘了——靛色人常出现在正确的时间与正确的地点，还对3号人做正确的事，让3号绿色人感到非常好奇。慈悲天使常会指引3号绿色人走向"以爱转化"的道路，因此，靛色人正是他们的目标之一。在绿色人眼中，靛色人像是个青少年一样，可爱却不成熟，这正是绿色人想要疼爱及使他们转变的原因之一。

　　靛色人有时会觉得绿色人很老套，老是像个老妈子一样在背后跟着念着，不过，久而久之，又觉得没有这个烦人的力量也很不习惯，有个人管着也不是坏事。这段关系就看彼此的共生共存状态，管多了，渴望自由的靛色人会想要落跑。不过，话说回来，没信心的靛色人是走不掉的，因此，建议绿色人不妨欲擒故纵，不要管得太紧。要记着，在你们彼此的心中存在着一条线，若是线断了，也就是关系结束、该往下一段走的时候，因此逼得太紧让那条线变得紧张，是没有必要的。

　　靛色人也很有意思，喜欢与绿色人玩游戏，也就是说，靛色人其实有时候很喜欢绿色人的黏与缠，甚至是紧迫盯人，这让靛色人有被爱的感觉；不过，这种黏只适用于绿色人对靛色人，若是靛色人如法炮制，那么绿色人就会逃之夭夭，不见踪影啰！

好运配搭法

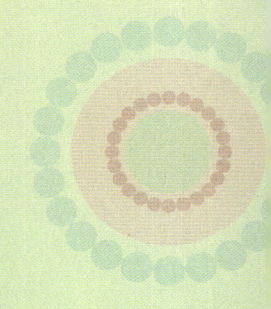

　　最适合3号绿色型人的好运配搭法，就是要能提醒3号人本身具有的慈悲与爱。下半身以淡粉红色让自己的意识层次中充满爱的质量，并让心智软化下来，不再自以为是地坚持己见，一颗心也不再硬邦邦地只是死撑着。要做到这一点，最要紧的是要让他感到被支持，其次才是逐渐地放心、有信心，能够提高对自我的信任度，这样才能逐渐把爱和信任扩展到外界。

　　上半身意识层次建议搭配淡绿色，这样的组合可以让绿色人的心胸开阔起来。这里的心胸有两种意义，一种是内心的感受面，使空间感扩大，就不至于斤斤计较，或是只是把眼光放在小地方，或是把心放在情绪上的斗争和计较之中；另一种是指身体方面，使心脏和肺的功能增强，绿色有助于血液循环，也有助于心的方向感的确定。当人的内心储存太多悲伤的感受，会导致肺部功能失常，而绿色可以激发这些部位的再生能量。手上、脚上甚至腰上都可以配戴一些能量小饰品，最好是有活血功效的能量产品，或是红色系的项链或耳环。假如感觉红色太过强烈，可以先用粉红色来调适，经过一阵子之后，再改成红色或深红色。

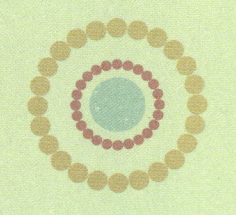

幸运水晶

水晶玉、电气石

连接你的天使之光

告诉自己，一切都是有可能的，只要慈悲以对。绿色连接的是慈悲天使。想要接上慈悲天使的讯息，可以由你的心轮发出爱的感受力。当你想象自己被爱时，被全然的爱所包围时，那个时刻，最容易与慈悲天使接上线。因此，请这样祈祷："请让爱充满我的心间，请让我拥有更多的爱以帮助并服务更多的人们。当爱充满我的内心，我将见到慈悲天使守护着我，完成这一件件爱的使命！"

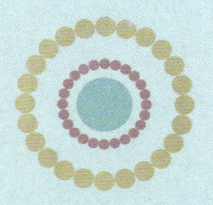

金黄 4号 智慧天使

> 如果你的公元生日数字是4、14、24，那么你的一切都与"金黄色"连接，将由"智慧天使"来守护着你。

由智慧天使守护的 4 号
金黄色幸运儿

⭐ 金黄色的意义 & 古代神秘学中的意涵

金黄色是智慧的色彩，连接智慧天使。

金黄色也是太阳的颜色，带来光明、温暖与希望，因为金黄色中还有黄色的存在，所以，金黄色能够充分地激励一个人，使他振奋或快乐。金黄色是启发一个人归于中心，认识自我的色彩，让一个人明白自己存在的价值和意义，都是金黄色可以启发的影响力。

黄金，对人们来说是一种价值的肯定，古谚语："沉默是金"，或是"链金之旅剑"，都在强调这种价值感。因此，古代也有以金黄色或是黄金来象征位高权重的皇室。在许多出土的古文明中常会发现帝王或祭司所用的黄金令牌，像是在四川挖掘出的三星堆古物中，就有一根象征了权势与力量的黄金令牌。因此，在神秘学中，金黄色也象征了开悟和成道的色彩，所有宗教都会形容其领袖头上具有金黄色的光环，借此指涉此人的灵性层次及开悟境界。

⭐ 金黄色的人格特质

金黄色人可以为自己及他人带来光明，不过金黄色人更在意深层的那份光明来自何处，因此，金黄色人也特别重视根源的追寻，常常喜欢对一件事物追根究底，直到弄清楚为止。换句话说，无止境的怀疑可以不断地验证自己所学习到的或是理性的思维到底是对还是错，同时也能不断通过经验及学习明白原来智慧就在自己的心中。

金黄色人具有独特的洞察能力，特别喜欢与人讨论或是辩论。金黄色人相信真理愈辩愈明，所以这也是他们最爱玩的游戏之一——脑力激荡。金黄色人与黄色人一样，都有快乐的本质，不过黄色人的快乐是较为简单的，不需要太多理由就能感到快乐；但金黄色人并不这么想，他们比较希望是能长久拥有的快乐，而不是短暂的开心而已。因此，金黄色人需要更多的智慧，清楚地理解更深层次的道理，而不论面对哪种考验，金黄色人也都可以因为这样的道理支持而度过。

★ 数字4型的特质

数字4型的金黄色人，是聪明、有智慧，并且非常务实的。

由于内心强烈地受到道德的拘束，4号金黄色人特别容易为一种莫名的罪恶感所限，即使不计一切代价都想弄清楚自己的处境，因此，是属于以自我为中心型的人物。

金黄色人最害怕被误解，也最害怕见到内外不一致或是说一套做一套的情况。有趣的是，4号金黄色人自己正是这样的人。有时未能免俗地心口不一，像是假道学般地维系着外在，无法展现真正的内心世界，因为他害怕别人心口不一地对待自己。

不同日期出生的4号型也略为不同：4日出生的金黄色人，对于物质条件的追求非常专注，因为明白生活必须面面俱到，而并非只有理想，光靠理念是无法维生的；而14日出生的金黄色人拥有天真的一面，非常喜欢接近高学历的人士，以便与之探讨更深的想法，虽然能够觉察内在的感性与理性，但也较容易为情绪所苦；24日出生的金黄色人，是4号型中最具创造力的，虽然经常犹豫不决或是担心被抛弃，不过仍然乐于将创意奉献给需要帮助的弱势团体，常能带给他人欢笑。

★ 金黄色的符号

四方形。四方形是金黄色人的幸运符号，这个符号特别能让金黄色的人放下成瘾的问题，以解决深层恐惧的情绪。

★ 金黄色人的金钱幸运指数

金黄色是夏天和秋天的色彩，因此，对金黄色人来说，在夏天规划或是积极投入赚钱的行列，秋天时便可以回收。或是将他人不看好的机会都仔细想过，金黄色人虽然多疑好辩，但在此时会运用天生的直觉力，在适当的季节做出正确的判断。因此，这两个季节是金钱运最旺的时刻。

4号型的金黄色人通常是非常务实的，对于金钱也是一定要做好计划才能行动，不过，在夏天和秋天时，因为正值金黄色人的季节，因此特别可以广结善缘，多争取赚钱的机会，像是出差、加班，都可以增加收入；以智慧著称的金黄色人，或是可以去兼个家教，在暑期赚点外快，都可以让赚钱运更旺。金黄色人必须记住——勤劳才能使自己的财运更旺，光是坐着幻想是不会有奇迹出现的，因为4号金黄色人需要看到、实际接触到才会相信，与其他类型的人不同，所以，必须勤奋地让自己见识到真正的好运，这样就能使财运更旺啰！

★ 金黄色人的健康福气趋势

肝、肾及消化系统是金黄色人需要照顾的区块。对金黄色人来说，太过固执、执著于自己的偏见，过度苛责或是批判，都常会为自己的健康带来问题。因此，便秘、操劳或是过度的不满所带来的焦虑，都会影响身体健康。以下几个问题可以检测金黄色人的健康状况：

1. 是否每天都能排便？
2. 是否梦境过多？
3. 皮肤是否经常过敏？
4. 是否常会水肿？
5. 是否经常发脾气？或是感到愤怒的情绪？

金黄色人非常不容易"放下"，因此，这样紧紧抓住的心态，也会带来一个不容易释放的身体，容易有便秘或是下腹经常会感到肿胀，甚至身体也会特别容易水肿，尤其女性生理期间就更容易感受到这样的生理反应。因此，如何让多余的水分、废物能顺利排出体内，是金黄色人照顾自己健康特别要注意的重点。

金黄色人需要有规律地放松身体，由于精神容易紧张无法放松，所以特别需要定时做身体能量及肌肉的调整。每天晚上七点前可以尽量多喝水，特别是下午三点到七点间多补充水分，以利肾脏排毒。一个月之中，农历初一（新月）是特别能转化金黄色人的固执的好日子，因此，不妨利用这一天好好放个假，让自己的身体休息。从农历初一到农历十五（满月），这段期间可以多吃些营养的食物，以增强金黄色人的健康及一整个月的运气。

★ 金黄色人的爱情幸福激素

4号金黄色人 vs. 1号黄色人

对4号金黄色人来说，遇到1号黄色人最大的好处，就是有了可以相互契合的好对象。聪明灵巧的黄色人想要一统天下，4号金黄色人会陪着另一半走天涯，任何梦想，4号金黄色伴侣都可以务实地陪同你把计划做好，以便配合1号黄色人发号施令；从另一个角度看，黄色人甚至只是站在前线去完成金黄色人的计划而已。但这样的爱情关系搭配得天衣无缝，一方主动、另一方被动正是最好的组合。

如果以剧团来举例，黄色人就像是导演兼好的演员，黄色人永远都不缺好听众及观众，那就是另一半的金黄色人。但这还不够，经营一个剧团还需要其他演员以及好的行政管理，不过黄色人在行政事务上却是一团糟，而金黄色人就是最好的幕僚兼经理，可以把一个剧团经营起来，还能赚钱。金黄色人需要看到实际的收获，所以为了让自己看到成绩，也会全力以赴地经营感情以及随着感情衍生出的任何合作或是金钱上的经营。

不过要注意的是，当1号黄色人喜滋滋地展现成果时，4号金黄色人可能会略有失落感或孤单感受，毕竟心灵的停泊仍需要爱与关怀来满足，所以聪明的黄色人最好时时嘴巴甜一点，或是以行动表示，像是赠送有价值的礼物给金黄色人，如果忽略这点，绝对是你们爱情的大忌喔！当然这也只能偶一为之，否则黄色人就会听到金黄色人唠叨说"太浪费了"。

4号金黄色人 vs. 2号蓝色人

这是一个稳定的组合。4号金黄色人喜欢稳定，会像个学究一样与另一半讨论各种事情，天文地理无所不包，幸好2号蓝色人也是天生的沟通专家，非常擅长配合对方，两个人最大的共同嗜好就是天南地北地到处玩，不断地谈天说地。对金黄色人来说，这是一个可以让自己增加见闻的爱情组合。

这是一个以 4 号金黄色人为主导的爱情关系，金黄色人非常渴望能把爱情带入自己理想的境界中，而 2 号蓝色人也有同样的目标。由于双方都是属于没有安全感的类型，所以，两个人对于细节都很在意，很多事情也会一再地推敲、沙盘推演；换句话说，这段感情关系是两个人再三考虑之后的组合，因此双方都希望将爱情发展成自己理想中的样貌。

有共同的目标以及安全感上的需求，是这段关系稳定的原因。不过，金黄色人有时过度务实，会让想要来点浪漫的 2 号蓝色人感到不太高兴，毕竟对于需要依赖感的 2 号蓝色人来说，还是渴望能找到一个心灵足以依靠的伴侣，现在虽然有了这样的好对象，不过有时还是会感到一丝丝的遗憾或不满足，因此，有时还需要创造一点爱情的浪漫，才能平衡这段感情喔！

4 号金黄色人 vs. 3 号绿色人

4 号金黄色人具有天生的智慧，但却又非常务实，很清楚爱情并非坐着幻想就会降临，因此 4 号的金黄色人会很积极又实际地扮演好自己的角色。当他与 3 号的绿色人相遇时，如果给绿色人的第一印象是非常完美的，那么这段爱情才有可能展开。与 4 号的金黄色人相较之下，绿色人是充满幻想和不切实际的，总是天真地想要试试看鱼与熊掌能不能兼得。善变又充满浪漫情怀的 3 号绿色人，虽然也会刻意让自己实际一点，多往现实层面想，不过仍然脱不了在爱情关系上拥有一段梦幻般经验的渴望。因此，如果对 4 号金黄色人的第一印象是完美无缺的，那就可以一拍即合啰。

这样的关系有时是较为辛苦的，因为双方都希望能扮演好对方喜欢的角色，为了取悦对方，的确会让自己感到辛苦。其实，3 号绿色人是可以接受褪下扮演的外衣、诚实做自己的金黄色人，对 3 号人来说，做不成爱人虽然难过，但是爱上了之后，却发现被对方假装的完美形象所欺骗，那将是加倍的痛苦，分手后可能连朋友都做不成，4 号金黄色人不能不留意这个关系上的处理。

4 号金黄色人 vs. 4 号金黄色人

金黄色人与金黄色人的搭配是一个非常紧张不安的组合。两个容易紧张又渴望安全感的人，对于物质的要求甚高，因此也不容易有不切实际的梦想。有这样特质的人特别会以放大镜来看事物，因此，就不容许浪漫的爱情中有一丁点的错误出现。金黄色人最特别的地方，就是与不熟的朋友交往时特别具有吸引力，他们的幽默感、聪明和智慧，非常能吸引朋友的注意，朋友们有活动时也喜欢找这个智多星来玩，特别有意思。

不过，在爱情关系上，回到亲密的两人世界，事情就完全不是这么回事了。特别容易紧张，对于很多事情都事必躬亲，不达目的绝不停止，这样缺乏放松和浪漫的二人组，真的是欢乐较少。若是这样的组合凑在一起，最好的结果可能是相亲邂逅，然后尽快结婚，大家忙着料理生活上的琐事，就不会感到这么不开心与紧张了。只可惜，在还没走到这一步之前，爱情已经先走进坟墓中，早早落幕。

不过，这样的爱情关系也不是完全无解，最好的解决方法，就是两个人一起去度假，学习如何放松，让两人成为可以彼此滋养互补的好搭档。两个人一起分享生命中的惊惶和喜悦，一起担心也能一起开心，若能如此，这样的爱情关系将是难忘的回忆，4号的金黄色人不妨将之视为一个爱情的炼金之旅吧！

4号金黄色人 vs. 5号紫红色人

金黄色人的智慧对上了紫红色人的自由与感性，这是一个具有挑战性的爱情组合。金黄色人渴望安全感，一旦遇到了喜欢搞神秘的紫红色人，可有点招架不住啰！因为神秘感是金黄色人很想弄清楚的，也因此，初期的爱情关系倒也很有趣，紫红色人有时会较为浪漫，虽然不是常态的表现，不过偶一为之也让金黄色人觉得非常温暖。金黄色人的明亮与精确的特质，也让紫红色人觉得眼睛一亮，想要靠近这个有智慧的人好好了解一番。

不过，这是一个紧张的爱情关系。4号金黄色人本来就很容易紧张，并且希望能事事依照计划来进行，稳定地发展是4号金黄色人最希望的结果；紫红色人最渴望的关系是一种新时代的自在关系，因此，与4号金黄色人的爱情，就成了紫红色人的实验。4号金黄色型人非常具有智慧，足智多谋，并且是很好的危机处理专家，很多事都胸有成竹，对于总是有勇无谋的5号人来说，这真的是非常值得好好研究、也是特别想要征服和挑战的对象！这些优点与新鲜感，都是深深吸引5号紫红色人的原因之一。

对4号金黄色人来说，紫红色人的神秘感和好心肠、四海之内皆朋友的好客，也让容易紧张且排外的金黄色人，感到非常的欣赏。金黄色人若能充分发挥独特的智慧，教导并辅佐紫红色人明白自由其实是来自于真正的责任承担，那么，这样的关系就会有不一样的火花，能让两个人都可以在关系中成长。

4号金黄色 vs. 6号红色人

6号红色人特别喜欢爱情游戏，4号金黄色人则特别期待一个可以相守的稳定伴侣。6号红色人渴望在爱情中抱持清楚务实、敢爱敢恨的态度，深受4号金黄色人的喜爱。所以，这样的组合算是满适合的搭档。

尽管如此，6号红色人其实有时候是有点冲动行事的，冲动之后也只好硬着头皮继续下去，相信总能走出一条路来。而容易紧张、喜欢掌控的金黄色人，非常聪明也了解红色人的少不更事，因此，金黄色人总会先想好所有的情节，或是先去防范于未然，以便将自己可能受到的伤害降到最低的程度。不过，这么多的防范及规划，其实也只是4号金黄色人的不安而已，爱情的路上本来就充满了凶险，想要趋吉避凶是可以理解的！

幸好6号红色人其实真的没有那么险恶啦，虽然总是喜欢呛声，不过心地纯真。务实的个性，使得他们内心还是很渴望能有一个可以陪伴的好对象，所以，仍然会身体力行，好好珍惜这得来不易的缘分。建议金黄色人不要太过担忧，该你的跑不掉，不该你的，强求也没有用。与其一直担心，不如把心思放在开心的事上。你们两人的意见不会相差太多，所以不需要太过担忧，除非4号金黄色人小时候家里发生过变故或是出身于单亲家庭，价值观可能受到影响，否则，在爱情关系上应该都能否极泰来。

4 号金黄色人 vs. 7 号橄榄绿人

　　两个人都很希望能拥有一份稳定的爱情，同时也应该要拥有财富等各种稳定的关系。4 号金黄色人对于爱情抱持着一种执著的态度，希望能与另一半创造一个安定的关系，所以，4 号金黄色人会尽心尽力地促成一切，也由于两个人都希望能先有财富再成家，因此，也都很努力地希望能一起投资理财或是更努力工作赚取幸福的将来。这样一致的目标，是非常好的发展，对于爱情来说，最好的成长便是有志一同地发挥所长。

　　爱情的关系需要两个人一起培养，对 7 号橄榄绿人来说，很多事情的确需要三思而后行，爱情更是马虎不得，因此对于爱情伴侣，7 号橄榄绿人虽然会凭直觉去挑选，但也会经过深思熟虑，这样的组合是可以创造金钱的抢钱二人组，所以对金黄色人来说，是非常理想的搭配。但是，橄榄绿人有时可能会希望从事一些自己的活动或是找些不同的朋友一起游玩，放松一下心情，这时候，建议 4 号金黄色人不要太黏人，有时互相拥有一点各自的空间，也未尝不是好事，也许可以让感情更加增温喔！

4 号金黄色人 vs. 8 号橘色人

　　爱情就像一场合作关系，对 8 号和 4 号这两类人来说，共同合作经营的爱情目标必须很清楚明确。4 号金黄色人态度务实、思虑周全，希望顾及生活的目标，不会因为爱情就冲昏了头，对于爱情反而有更高的期待，希望能一起创造"钱"途，让两个人能拥有好的生活质量。

　　8 号橘色人虽然明白 4 号金黄色人的心，不过，有时孩子气、情绪又不够稳定的橘色人，虽然有远大的理念，也同意金黄色人的想法与做法，但颇有创意的 8 号橘色人，总是想要来点不一样的，不太想落入俗套。8 号橘色人很擅于推动金黄色人使他们努力工作，8 号橘色人的工作就是督促另一半的进步，这是十分重要的。因此，4 号金黄色人为了爱，也为了生活上的稳定与幸福，会很努力地完成使命。

　　这场爱情关系中最能激动 8 号型人的地方，就是促使他们想要成长——心灵的、身体的、情绪的，任何关于自己内在的进步，都是 8 号人想要做的。这一点有时会让 4 号人感到没有安全感，对他们来说，这些都可能是有些危险的。8 号型人想要冒险，尝试新的方向，但 4 号型人却有点想要停在原来的脚步中，维持现状并且往"钱"迈进。若是金黄色人能与另一半讨论这个部分，与橘色人一起成长，这样就可能可以避免危机；但若是金黄色人想要阻止橘色人的发展，这是绝对不可能的，因此，这样不同的观点有可能拉大彼此的距离，可能会危及爱情的进展。

4号金黄色人 vs. 9号紫色人

　　充满智慧的4号金黄色人遇到了充满哲理的9号紫色人,这理性与感性的搭配,就成了有趣的爱情关系。这是一个充满智力与激情的关系,务实的金黄色人不是轻易掉进爱情关系之中的类型,任何事情都需要有着一定的目标及方向感;但紫色人不是这样的,充满了崇高理想的紫色人,并非不务实,只是更希望能确认大目标,在有爱的状态下努力。也就是,一个重视结果,一个重视过程。

　　对于金黄色人重视结果的态度,紫色人有时会感到很失望或是不安;而在金黄色人看来,对于紫色人只重视过程中的浪漫,更是感到不满,两个人有时便会因此有口角。两条平行线本来就不会相逢,除非一方变形,愿意改变。当彼此都被对方拥有自己所没有的特色与才华所吸引,都很想共同走这段爱情路,这就是两人之间的魅力与吸引力。

　　这段爱情关系可以由紫色人来改善,紫色人有着神秘的特质以及救世的情操,因此,只要不是落入自己的忧郁圈套之中,紫色人都能表现出超乎常态的水平,可以度化不开化的金黄色人。不过,当紫色人陷入惯性的低潮时,金黄色人有时并不清楚如何哄紫色人,低潮再久一点,就是两人分手之日了。

4 号金黄色人 vs. 0 号靛色人

金黄色人初见到靛色人，觉得对方可是金光闪闪的，而靛色人初见到金黄色人也是一样。靛色人有灵气，足以让金黄色人惊为天人，并且想要紧紧跟随着靛色人，看能走多远就多远；而靛色人则是喜欢见到有智慧的人出现，一颗孤寂的心才能被了解，不再觉得一个人尽是孤单寂寞。

靛色人相信内心的直觉，不过在相信之前，靛色人可是非常善于运用理性思维的，正因如此，金黄色人的恐惧及天赋正好都是靛色人能够理解与明白的，因此，这段爱情关系会是有趣的智慧充电。两个人相遇，主要还是为了解决彼此心灵的恐惧与不安，希望能在互相扶持下走到生命的尽头。金黄色人清楚务实的概念及作为，令靛色人心有所属，也愿意放下天马行空的不安，落实生命的脚步，追随着金黄色人所建立的家，一起建设爱的园地。

这一切似乎都很不错，不过，当金黄色人感到困惑时，靛色人必须要有耐心及雅量接纳另一半的不足，不要太快感到失望或是想要离开；而金黄色人虽然会偶尔想要来点外遇，不过一颗心依然是牵系在爱人的身上，靛色人必须培养出自信心，才能在爱情路上走得顺遂。

好运配搭法

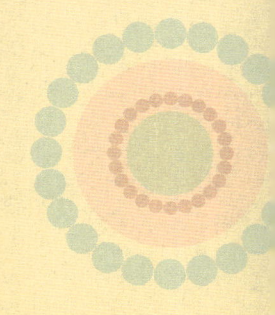

4号金黄色人的好运搭配，最好的原则是——下半身采用浅色，如上班族的淡灰或纯净白，上半身则是金黄色；若是穿着全身全白的套装，则上衣可以搭配金黄色的背心、针织衫或是小可爱。下半身的潜意识层面上以白色搭配，可以净化金黄色人的忧思，尤其是过于重视物质条件，因为总是不能满足，所以总像上瘾一般地无法自拔，又或是过度将自己的聪明才智滥用在世俗的事务上，以至于带来更多的痛苦与不安。所以下半身穿着净白或是淡灰色，可多少化解这类的执著或无法改变的状况。

上半身搭配以金黄色，可以充分展现金黄色人天生的亮丽和光芒。若是运气不好的金黄色人，也可以用这样的搭配赶走霉运。不过，肤色过黑又运气不好的4号型金黄色人，就必须上点彩妆，或是加强亮晶晶的饰品，又或是配戴代表神秘感的神秘学符号饰品，可以增添吸引力及被人见到的才华。若是不切实际的4号金黄色人，则多半有着心理或情绪问题，而且可能影响到精神状态或睡眠质量，饮食习惯也不是很好，因此，需要辅以红色系列，像是口红、彩妆，又或是红色系列的水晶宝石戒指、项链或耳环，以便让自己能回归大地，回到这个世上。

幸运水晶

虎眼石、拓拔石

连接你的天使之光

4号金黄色人连接的天使是智慧天使，智慧天使多在金黄色人感到无所适从时，由梦境中显现答案或是启发。生活中同步发生的人、事、物，也常是智慧天使显现的幽默感，因此，不妨以这样的方式来连接智慧天使："请启发我，协助我放下所有的'我'，放下那些所有不存在的'我'的偏见，请帮助我将光明的力量展现出来，以智慧的方式帮助自己、协助他人，重回到喜悦的怀抱中。"

紫红 5号 守护天使

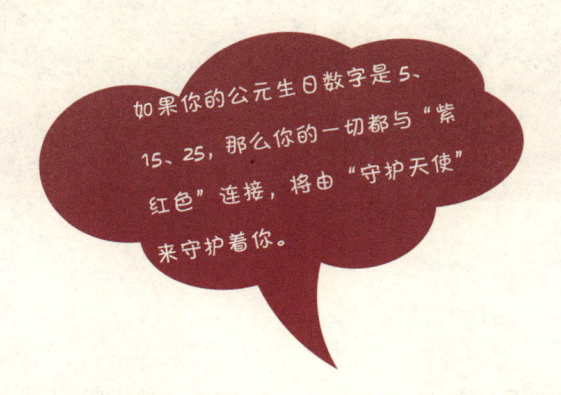

> 如果你的公元生日数字是5、15、25，那么你的一切都与"紫红色"连接，将由"守护天使"来守护着你。

由守护天使守护的 5 号
紫红色幸运儿

⭐ 紫红色的意义 & 古代神秘学中的意涵

紫红色是个特别的色彩，对东方人来说，紫红色是一个聚集桃花也是吸引所有注意力的颜色。紫红色中含有紫色也有红色，外表不若红色般艳丽，但内在却又充满柔情，这正是紫红色的魅力。紫红色是一个来自上苍的色彩，充满着眷顾与关爱，能刺激生存能力，可以帮助一个人了解神性的光辉，并且知道自己不必努力取悦他人，也能得到神的恩赐，因此是个能够以"爱"为基础，实现理念的色彩。

在神秘学中，紫红色也是一个尊贵的颜色，更甚于紫袍，因为是完全来自上天的礼物，不需要臣服，只需要明了。所以，这也是一个令人类可以明了自己在众神关怀下，不需要虐待自我，有自己选择权、有生命自主权的色彩。

⭐ 紫红色的人格特质

紫红色人有一种天生的特别魅力，就是"我为人人、人人为我"的精神。这可不是随口说说的，紫红色人从小在成长的家庭或是在任何团体，都很担心事情不顺利或是有人不开心，他们特别在意所处的环境是否开心或顺遂，所以紫红色人通常从小就很会看人脸色，只要有不开心的事或是冲突发生，紫红色人都会努力地想要让大家和解，以避免冲突，更希望能因为有他的存在，可以令事情更顺利。

有时候，紫红色人可能误以为自己是上帝，高估了自己的能力，也因此，紫红色人常是最累的那个孩子，或是总是累得筋疲力竭才能休息。在与人相处时，紫红色人也是一样地总是会为可怜的人伤感，若知道有人需要帮助，紫红色人会完全不顾自己的立场或时间，全心帮助有需要帮助的人。

★ 数字5型的特质

数字5型的紫红色人，似乎一直都不是很清楚该如何生存，因此总是在学习如何活下去。因为热爱自由，心中有颗一直想要冒险的不安定的心，心地善良的5号型人，从小时候就一直很希望能自由自在地体验生命，使世界上不要再有痛苦，因此旅行，或是成为一个旅者，是5号紫红色人的梦想。也由于过多的情绪承担，使得5号型人特别不喜欢承诺和负责任，只想要自由自在。

不同的5号型人有不同的发展，5日出生的紫红色人，天生是个可以担当大任的将才，只可惜他们多半只喜欢沉迷在不负责任的爱情关系之中，只想玩自己有兴趣的，不想面对生命中应有的挑战，非常可惜；在15日出生的紫红色型人，因为很容易沉溺在物质的世界中，迷失自我，需要克服自己的种种恐惧和障碍，如此才能调整心态，让生活中的快乐重现；25 日出生的紫红色人，特别要注意自己的健康，尤其是情绪和身体的健康，要明白并不需要承担别人的喜怒哀乐才算是关心别人，有创造力的生命也能为人带来不一样的生命价值观，这是 25 日出生者的天赋。

⭐ 紫红色的符号

正梯形。正梯形是 5 号紫红色人的幸运符号，也是专属的疗愈象征。这个符号特别能帮助紫红色人强化不放弃的念头，可以重振新的观念，将旧有的丢弃，然后重生。

⭐ 紫红色人的金钱幸运指数

紫红色是冬天的色彩，因此，对 5 号的紫红色人来说，一般人懒洋洋不看好的冬季，反而是紫红色人最能大显身手的好机会。5 号紫红色人具有渴望自由自在的特质，不过经常只是想想罢了，因为紫红色人会希望在真正享受自由自在之前，可以先存上一大笔钱，没有生活的顾忌；或是成为一个成功的人之后，才能够真正做自己想做的事；又或是，紫红色人往往无法真正认知到自己的目标和理想，因为心里有太多的想法及目标，总觉得做什么可能都可以吧！因此，非常有灵性的紫红色人反而是最无法体验精神自由的感受的人，也无法享受金钱所带来的好处，非常受困于享受金钱的乐趣。

另一方面，紫红色人太过在乎他人的想法以及行为，一颗心全放在他人的身上，这也是为什么紫红色人在众人都感到忧郁、无法发挥的冬季里，反而感到较为自在、可以享受做自己的乐趣的原因。春天夏天是紫红色人可以行动的时节；秋天则可以稍事休息，不要对于金钱游戏太过紧张；至于到了冬天，可以凭着直觉来决定金钱游戏或是任何投资理财活动。

★ 紫红色人的健康福气趋势

免疫系统、脚部及精神状况一直是紫红色人需要留意健康状况的部位。对紫红色人来说，想得太多又缺乏自信时，的确精神上容易出现状况及问题，容易变得自暴自弃，且精神层面的失落也会导致生理层面缺乏动力，全身提不起劲。以下的判断方法可以检测紫红色人的健康状况：

1. 是否容易有血液循环或新陈代谢不佳的情形？
2. 脚是否经常容易瘀青或是扭伤、骨折？
3. 是否工作一天就觉得身体不适，需要休养两天？
4. 容易感染流行性的疾病？

5. 容易有梦境或是浅眠?

紫红色人特别需要精神上的依靠及支持，对他们来说，生活中务实与理想应该要兼顾，同时，也应该要能理解"适当的限制是好的"，因为生命仍需要勇气来创造，适当的限制——例如饮食上的调整——更可以训练心性，让意志力增强，这对不易坚持意念的紫红色人来说，是非常重要的训练。

以一个月来说，农历初一开始的七天，适合从事身体能量补充的活动，特别是柔软的呼吸练习、瑜珈或气功练习，都很适合紫红色人的锻炼；农历十五的前后7天，这段期间最适合补充钙质，若能配合运动则更佳，以利稳定神经与调整体质；在下半个月，也就是农历十五（满月）到下个月的初一（新月）之间，若能每晚回家以热水泡脚，或是接受脚底按摩，都可以强化紫红色人的神经和负面能量的排除喔！

★ 紫红色人的爱情幸福激素

5号紫红色人 vs. 1号黄色人

紫红色人觉得爱情是一种自由的追寻，因此，遇上1号的黄色人时，特别能感受到一种对味的喜悦。1号的黄色型人喜欢独立、快乐的爱情关系，非常喜欢受到众人的喜爱，或是被人关注，或是特别受重视的感受，而紫红色人的细心以及渴望自由自在，尤其能让黄色人感到不受拘束，因此，黄色人特别喜欢与紫红色人相处在一起。

紫红色人虽然酷爱自由，可是也正因为如此，他们对于爱情特别没有安全感，心中明白很多事都有变量，不能抱太高的期待，所以，紫红色人对于爱情是只求付出不求回报的，为什么呢？因为过多期待就容易受到伤害，紫红色人就是不要这种失落感。非常擅于守护他人的紫红色人因此暗自决定，给予是一种主控权，而接受则是被动的，主动便不容易受到创伤。而粗心的黄色人并不会去在乎紫红色人的心结，因为在他认为，只要两个人能开心就好了，又有什么不可以呢？

另一方面，5号的紫红色人有时在情感的表达上很被动，虽然不断地照顾对方，却可能无法开口表达，所以，黄色人也就乐得清闲去享受不用回报的爱啰！黄色人的理想容易达成，又不必忍受啰嗦或是被牵绊。建议5号的紫红色人可以学习沟通，表达自己的感受，不要闷坏了。黄色人则需要多留意那个经常照顾自己、默默守着自己、关怀自己的人，正是最值得托付与信赖的人。

5号紫红色人 vs. 2号蓝色人

喜欢体验生活的5号紫红色人，恋爱初期的细心体贴，特别能吸引2号蓝色人；而蓝色人真正的宁静与体贴的个性，其实才是深深吸引自由不定的5号人的主因。5号人有时是矛盾的，因为既能照顾他人，从小就能了解他人的心与感受，可是又很渴望自由自在，不想被拘束。一遇到2号的蓝色人，紫红色人忽然有一种仿佛回到儿时的经验。这让紫红色人有了一种弥补的感觉，好像被童年记忆中的家人补偿了未被呵护的家庭感受，这使5号紫红色人的感受能够趋于完整，因此能喜悦地接纳2号蓝色人的照料。

2号蓝色人十分渴望能从5号紫红色人身上得到自由自在的信念，有时候，5号紫红色人非常容易鼓励他人，虽然自己可能是很机车或是不敢冒险的（幻想冒险和真正去冒险是有差异的），但是却特别容易煽动人心，让别人变相地照自己的想法运作。而2号的蓝色人缺乏的正是这种鼓舞，因此在爱情关系中，2号蓝色人特别会学习这个特色，希望自己能跟随对方去流浪或是来个新冒险。只可惜，相处不用太久，固执又保守的2号蓝色人老是在怀疑对方，又因为不安全感而频频想要主导爱情的主控权，因此，很容易令胆小如鼠的5号紫色人逃之夭夭喔！

5号紫红色人 vs. 3号绿色人

紫红色人是非常擅长照顾他人的，尤其有一颗善良的心，这颗心遇到了慈悲的绿色人，是满合适的。两个人都喜欢爱情多一点变化及挑战，也都有一颗想要先稳住爱情再发展事业的心，都想掌握住对方和自己的感情和情绪。敏感富有创意的绿色人，很开心有人能明白他的心情与用心，所以，与紫红色人是很好的照顾二人组。两人都很喜欢扮演大善人及完美的角色，加上都喜欢参与对外的活动，不会关在自己家里，只有二人世界，因此在社交活动上是最好的搭档。

虽然3号绿色人还是不时会露出想要掌控的心态，不过，当遇到天马行空甚至带点神秘色彩的5号紫红色人摆起神棍那一套时，总是把3号绿色人唬得一愣一愣的，谁叫3号绿色人偏偏就爱听一些新奇有趣的故事，有时其实是没有智慧判断的啦！一个5号紫红色人爱说书与吹牛，一个3号绿色人喜欢听故事与配合，爱情也能冲昏头，这样真的是绝配。不过，绿色人和紫红色人最常玩的游戏就是耍心机，5号紫红色人则完全不接纳，因此3号绿色人常会感到踢到铁板，也很气对方不买账。如果3号绿色人能够接受对方的真实面貌，接受紫红色人不喜欢被拘束的个性，那么两人的爱情便会少了幻象，多了接纳，如此一来爱情才能持久及开心。

5号紫红色人 vs. 4号金黄色人

这是一个紧张的爱情关系。4号金黄色人本来就很容易紧张，并且希望能事事依照计划来进行，稳定的发展是4号金黄色人最希望的结果。紫红色人最渴望的是一种新时代的自在关系，因此，与4号金黄色人的爱情就成了紫红色人的实验。4号金黄色人非常有智慧，足智多谋，并且是很好的危机处理专家，很多事都胸有成竹，对于总是有勇无谋的5号人来说，这样的人简直是非常值得好好研究，也是足以征服和挑战的对象！这些优点与新鲜感，都是深深吸引5号紫红色人的原因之一。

对4号金黄色人来说，紫红色人的神秘感和好心肠、四海之内皆朋友的好客，也让容易紧张且排外的金黄色人感到非常的欣赏。只是这样的爱情关系是金玉其外的搭档，至于内在是不是败絮其中，就看两人能否互相了解了。双方都必须明白，一时的手段并不能真正地留住对方，诚心以对，并且真正地接纳对方的个性，这样的感情才能走得顺利与长久。金黄色人若能充分发挥独特的智慧，教导并辅佐紫红色人能够明白自由其实是来自于真正的承担责任，那么，这样的关系就会有不一样的火花，让两个人都可以在关系中成长。

5号紫红色人 vs. 5号紫红色人

5号紫红色人遇上5号紫红色人，这段关系绝对是一场闹剧。5号紫红色人渴望自由，渴望冒险，渴望能有个不一样的人生。所以，他们会有梦想、有憧憬、有一个伟大的理念，同样地对于爱情关系，也怀抱着不同凡响的理念。既有自由又能有个互相依靠的关系，这正是紫红色人想要创造的远景。

这样两个抓不住的人，若是能用同样的概念来看待对方，那这场爱情就能走得久一些，否则，爱情有时候就是需要有爱的质量，像是牺牲奉献，或是愿意成就对方，让对方来做主。但若是两个人都想做主，都不想为对方牺牲，都坚持自己应该拥有的自由，那这场爱情该怎么办呢？紫红色人应该想清楚的是，到底什么是照顾他人？为什么要协助他人？自己内在最深处的动机是什么？是打发时间，还是渴望被更深刻地认同与接纳？

与人相处的方式有很多种，是不是要进入一段爱情关系也是值得紫红色人深思的问题。两个想要依靠的人凑在一起，那不妨多学习施与受，分享感受及学习从心里去喜欢或是支持他人。这虽然是紫红色人的天赋，是本来就会的事情，不过，天赋与实现之间，对紫红色人来说还是有差距的。紫红色人若是渴望来场恋爱，应该要更能学习一种落实的人生，一种将理想落实到现实生命的人生，一种真正的爱。

5号紫红色人 vs. 6号红色人

擅长牺牲奉献的6号红色人，总是会让5号紫红色人感到非常喜悦。不要忘了，5号紫红色人是最能与他人内心产生同理心的天生好手，因此，这样的爱情关系似乎有一点对味。不过，红色人有时会大刺刺的，不够细腻，对爱情的表达总是兴之所至就表现出爱意，这让5号紫红色人有时会感到有点受到惊吓，虽然很开心被爱得如此激烈，不过还是常常在内心感到很错愕又不知道该如何表达。5号紫红色人渴望的爱情是可以细水长流，不是一次玩尽了，然后就解散。

同时，要求过多的5号紫红色人，不仅希望家中有人等待着，还希望能有更多的自由，可以让他们再去冒个险，玩一玩，累的时候再倦鸟知返，而这点对红色人来说，有时是会感到有点不开心的。虽然红色人能为爱走天涯，继续配合对方，不过，当红色人希望5号紫红色人也应该要相对付出时，可能紫红色人会拨腿就跑，再也不回头了。这样的爱情关系建立在一种辛苦的渴望之上，必须要有一方能改善自我，爱情关系才会有所变化，若是两个人都不能改变，这样的爱情迟早会结束。

5号紫红色人 vs. 7号橄榄绿人

7号橄榄绿人对于不喜欢的事情常会假装没事，可是却又藏不住心里的话，遇到想要事事粉饰太平的5号紫红色人，可真是天生的一对。5号紫红色人想要自由自在，但又因为很轻易就能够设身处地去感受他人的心，所以常会感到矛盾与气愤，气自己不能坚持己见，却又不能不配合他人。因此，当遇到了渴望自由与希望世界上所有不好的事都不要发生的7号人，两个人常会天南地北地谈到彼此的希望和梦想，而有非常快乐的感觉，双方都很渴望能彼此了解，互相感受到温暖及乐趣。

可以活在二人世界中，感受不到外界的险恶或是挑战，这样的爱情组合还满不错的。不过相对的，这两个抗压能力都不够强的人，经常需要独处以释放面对外界的疲惫。7号橄榄绿人的怀疑论，常让自己活得有些辛苦，而5号紫红色人有其生活的辛苦与黑暗面的信仰，这也让5号人有时希望自己眼不见为净，所以，这样的两人相处在一起，有时反而会感到疲累，无法给彼此太多的帮助，只好都躲起来偷偷休息。

这样的爱情组合，建议最好能多由心出发，学着信任自己以及世界。如果内心常常感到疲惫，不妨订个机票、提着背包，到其他地方走走看看，度个假，抛开一切的忧虑与烦扰，去享受能够独处的二人世界吧！

5号紫红色人 vs. 8号橘色人

8号橘色人一心想要有所成长，能够心想事成，遇上了5号的紫红色人，这样的拍档可以充分发挥梦想。紫红色人有时会有点自虐，配上了自虐虐人、情绪上偶尔歇斯底里的8号人，就成了心灵成长二人组。他们会一起去寻找更多的成长数据，两人分享，一起讨论。

5号紫红色人天生就很会守护他人，所以也容易委屈自己、牺牲自己来成全他人，这样的人遇上了8号的橘色人，组成很适合疗愈的一组关系。爱情关系上两个人都非常渴望能有人可以相互扶持地走下去，这些心灵层面的感受，也只有最亲密的爱人才能理解吧！橘色人希望能在爱情中感受到亲情的温暖，重拾童年的记忆，抚慰内在小孩，让过去那个未长大的、哭泣的孩子重见天日，并且能够充分地发挥天生的本能。

紫红色人也有一样的想法。如亲情般的爱情关系，可以重新找到失落的童年欢笑，紫红色人忠心守护家庭或朋友，对于付出是不会吝啬的。不过有时心性不稳定，弄不清楚利害关系，连路边的陌生人都可能会照顾，因此，常会惹得橘色人神经紧张，怕紫红色人又做出脱线的事情，尤其在爱情关系中，对别人好意的照顾却让对方误以为紫红色人是有意思的表白，那就惨了。虽然橘色人是这样在乎着紫红色人的表错情事件，不过事实上，橘色人自己也是半斤八两，常常也有同样的事发生，真可谓天生一对宝呢！

5号紫红色人 vs. 9号紫色人

5号紫红色人与9号紫色人的邂逅，属于一见钟情的成分居多。紫红色人震慑于紫色人的空灵与理想，这会燃起紫红色人想要追随的念头，并且想要与紫色人在一起。紫红色人有着世俗生存的压力与警觉，所以见到紫色人时，初期会感到非常的轻松与释放，似乎可以不必担忧世间的事情，只要有爱情与感受，一切的不安都能化解。紫红色人擅长在没有压力及忧虑的状况下帮助他人，尽管有压力，紫红色人仍然可以协助他人，因为和谐与顾全大局是非常重要的。

这段爱情关系对两个人的共同影响,就是如何在顾全大局的情况下,互相支持与恩爱。紫红色人总是默默地付出,默默地在背后支持紫色人的理念,而紫色人也十分感谢紫红色人的诚心对待。紫色人若是艺术家,紫红色人就是那个努力工作赚钱来供养紫色人的另一半。这样的关系虽然有时清苦,不过也不是完全没有乐趣的。紫色人若能一心一意地发挥所长,将能在自己的领域中一展长才;而紫红色人若能适当地调整自己的情绪,便可以带来甜蜜与长久的爱情。

5号紫红色人 vs. 0号靛色人

紫红色人的牺牲奉献,是会令靛色人动容的。初期靛色人会被紫红色人暖暖的热情所包围及吸引,不过,靛色人并不会觉得这种致命的吸引力是强烈的。等到紫红色人开始行动,以出奇制胜的方式来发动攻势时,靛色人才会感受到。只不过,靛色人在爱情中常是幻想层多,经常有着不切实际的想象力,因此就算紫红色人对每个人都一样的好,但靛色人总是觉得可能对方对自己是不一样的吧!这时靛色人会反被动为主动,反而积极了起来,主动去关怀紫红色人。

对紫红色人来说,爱大家并不难,但是被一个人爱,有时可能需要点时间来调适,毕竟热爱自由惯了,在需要众人的时候有人在身边,这样紫红色人就会感到很开心了。不过,要是有个人天天守在身边,虽然感觉很好，却又觉得需要保有自己的空间及时间。这段爱情关系在靛色人的努力下可以进行一段时间，但是，是否能长久下去，要看紫红色人的心是否留在世间。有时紫红色人会比靛色人还想自由，还想逃跑，靛色人终于棋逢敌手，谁输谁赢很难说。不过这段关系要带给两个人的功课是什么？两个人不妨想一想，才不会到头来只是空留悔恨，那就失去爱情的本质与体会了。

好运配搭法

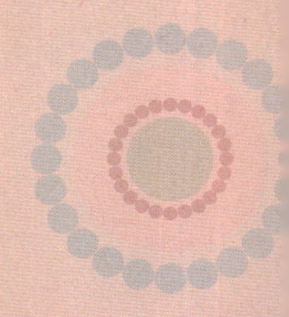

艳丽的紫红色本身就是一种幸运的象征。对紫红色人来说，最好运的搭配法，就是运用深浅不一的紫红色，搭配淡黄色或乳白色。如果个性上特别需要安全感或经常感到疲累，则可以搭配紫色系列。白色、黄色都代表着光明与希望，这对于经常苦于精神性自暴自弃的紫红色人来说，可以强化意识层面的认知，也能让自己更坚持意志力。另外，紫色也能令紫红色人感到一种被疗愈的安心，并且是协助他们找到自我生命目标的色彩。

紫红色能够深刻名安5号型人，让他们忆起一个有生命力的人生与感受。紫红色人特别容易受环境影响，因此也特别需要一种超越世俗之爱的力量让他们感觉受到支持，而紫红色最能让他们感受到超于世俗的支持感。上半身的紫红色装扮，可以令5号型人感受到自己站在世界上的力量。建议5号型人配戴紫水晶或是任何感觉吸引人的水晶矿石。蝴蝶结象或花样的皮包，或是鞋子，甚至是项链，都可以为紫红色人带来有灵感的好运。

幸运水晶
锂云母、舒俱徕石

连接你的天使之光

紫红色人连接的是"守护天使",对守护天使最不利的情况是紫红色人通常不太信任守护天使。对紫红色人来说,最重要的是找到由心出发的力量,感受到自己是被眷顾的,感受到有一股更高层的力量在支持自己,让自己永不放弃,能勇往直前。

遇到需要支持的时候,可以这样正面地向守护天使祈祷:"不论遭遇多少困难,我坦然接受所有的现象,请赐给我温暖的爱之光,温暖我的心,补充我的能量,在我需要的时候,永不离弃我。"

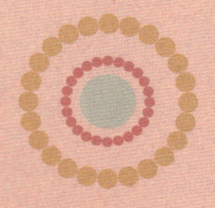

红 6号 尘世天使

> 如果你的公元生日数字是6、16、26，那么你的一切都与"红色"连接，将由"尘世天使"来守护着你。

由尘世天使守护的 6 号
红色幸运儿

⭐ 红色的意义 & 古代神秘学中的意涵

红色是热情的色彩，连接尘世天使。红色代表热情洋溢、活力、生命力以及斗志。当阳光照耀在大地上，所有的万物都因为这样的光与温暖而苏醒，这个大地是红色生命力的展现、苏醒的力量，也是尘世的红色力量。因此，只要有红色的存在，就可以知道阳光是如何落实在人世间，如何让事物具有生命力及启发。没有红色力量，就没有动力，没有一切的源起。

神秘学中，红色象征了性、生命与活力，人类的代代相传，都是因着红色的性能量而繁衍。红色也象征着崛起的蛇，那是沉睡在我们尾椎骨底部的一股生命能量，等待被唤起的力量，是一种心灵与身体的整合，也是最热情、具有力量、毫无限制、没有压抑的生命活力。

⭐ 红色的人格特质

红色人总是有着无穷的热情与爆发力，脾气是一流的坏与急，来得快也去得快。红色人的热情是无法挡的，一旦他们决定要勇往直前或是选择爱上某件事、某个人，这强大的力量会支持他们义无反顾地去执行，未达成功绝不轻言放弃。这是正面的红色人最可爱的地方，不愿意放弃，也不肯成为一个败将，总希望把最深的热情付诸实现，因此，他们总会对如何把理想带到现实层面特别感兴趣，尤其是如何执行与操作，如何鼓舞他人一起加入，一起计划，然后自己也会抢在前头去冲锋陷阵。古时候可能是杀敌，但现在则是把爱传递出去，爱事业、爱金钱、爱人、爱服务，总之就是一种热情洋溢的爱与实现。

有时红色人是盲目的，也许不清楚自己到底要什么，不过，总能通过他人的协助或是事情的执行，来了解自己内在的需求。有人说傻人有傻福，这正是红色人的写照，有时略嫌冲动盲目了点，不过，总是好心啦！只是需要多一点热情冲昏头之后的清醒，才能带来更好的影响。

⭐ 数字6型的特质

数字6型是一个天生就喜爱浪漫、热情洋溢的类型。红色数字6型很喜欢行动，执行的动力是非常必要的，因此，身体的运动或接触非常重要。6号型人是一个希望带给他人欢乐的善心人士，不过，却经常弄得乌烟瘴气的，那是因为他不擅长表达想法，只会默默地去做，并且希望别人能见到他们的努力；所以，若是别人无法给予同样的回报，便常会感到愤怒或是被利用，或是气别人不了解自己。

但是，乐观的6号型人在生气之后，还是会继续拾起他认为应该做的事，继续完成。数字6型需要明白的是自己可能是泥菩萨过江，但热心的他们总也想协助别人，有时难免会越帮越忙。数字6型需要知道自己最重要的事是什么，以免越帮越忙还惹了一身的气。

⭐ 红色的符号

四方形。四方形是红色人的幸运符号，这是一个可以帮助红色人振奋的符号，重振力量，重新唤起所有的注意力和行动力。红色人若无法落实行动，将会抑郁不安，有时会做出冲动没有思索的行动或决定。四方形可以充分协助红色人稳定清楚地判断，并且将能量放对地方，能集中火力把事情有效率地做好。

⭐ 红色人的金钱幸运指数

夏季是红色人的辉煌时刻，虽然夏天是炎热难耐的，但对红色人来说，正好能够将一团熊熊烈火好好地发泄出来。红色人在夏天一定要去有水的地方，像是游泳池、海边或是三温暖走走，若没有机会到这些地方，退而求其次，甚至是用精油或是萃取液、花精水等擦在身上都可以。这些"水"都可以舒缓红色人的燥热，并且调整情绪，一遇到情绪状况，就不妨采用这些调整软化的办法。

对红色人来说，热烈的赚钱斗志是随着身心健康的程度来决定的，若是情绪不好或是身体微恙，都不适合投资或是构思赚钱的事情。想要财运好，身体的动能必须是健康有活力的，这是红色人与其他人最大的不同。因此，在夏季可以尽情去从事任何想做的运动，越有活力、越能去行动、运动，财运就越旺。

当然，红色人也有可能因小失大，尤其是在夏季以及谈恋爱的时候，所以尽管很能赚钱，却不一定能守财。对应的方法就是将钱定存起来，皮包中不宜带太多现金，同时信用卡也不能拥有太多张，以免成了大方的卡奴，这个限制是必要的。对于大方冲动却又紧张于金钱关系的红色人来说，这样的存钱之道能够累积财富，也能让身心平衡，是长治久安之道。

★ 红色人的健康福气趋势

红色象征刺激和繁殖，因此，可以对应性器官以及全身的血液循环。很多人对于性爱的需求是不好意思说的，甚至自小就有着肮脏的概念或是得自教育中的罪恶感，其实，我们都是自性之中繁衍出来的，有了爱，性才有力量，有了红色的活力，才能诞生健康可爱的婴孩，也就是我们自己。因此，对生命正确而不偏颇的观念，不仅可以让整个人精神层次上没有负面的念头及自我谴责的潜藏意识，同时也能培养出正面的动机，和通过正面的动机引发行动力。以下是判断红色人健康状况的方法：

1. 是否有贫血或是血液循环不佳的情况？

2. 对于"性"感到羞愧，觉得有罪或是认为羞于启齿？
3. 对身体感到不自在或是对于谈论身体方面的事都感到不好意思？
4. 老是觉得很累，没有活力，没有斗志？
5. 生理期感到不舒服或是女性有怀孕的障碍？

若是5个问题的答案中有3项以上是肯定的，就表示红色人需要特别加强自己的活力及能量，生命力已亮起了红灯，需要用心调整。一个月当中，满月的前后3天是最不适合做重大决策的时候，这个时候情绪高涨，很容易意气用事，所以对于身体的调整，需要用最简单的方式或是只是让身体休息，就可以慢慢地调整过来。农历十五日之后，可以慢慢加强简单柔软的运动，最好不要太过激烈，以免身体受不了这样的负担。身体需要大量的饮用水，且水质要好，不适合过甜的饮料或是摄取过多的甜点，此时可以多补充一些铁质。农历初一开始，可以多摄取维他命B群和C，以便增加身体的抵抗力，此时适合从事较为激烈的活动，且仍然必须多补充水。

对红色人来说，必须在失去耐心之前尽快将老旧的废物排出体外，一旦见到成果，就能令红色人感到开心及有信心，否则红色人很快就会失去兴趣，转战其他活动了。

⭐ 红色人的爱情幸福激素

6 号红色人 vs. 1 号黄色人

想要一统爱情江山的 1 号黄色人，遇到 6 号的红色型人，相处的模式是十分微妙的，这是一对不易成功的爱情关系，需要极大的耐力和接纳挑战的包容心。6 号红色人渴望在爱情关系中付出一切，牺牲奉献都无所谓，但需要对方的响应与分享，亲密的爱情是 6 号红色人所渴望的，身体力行地表现出爱意及关怀，才能真正让 6 号红色人觉得是被爱的；但是对于 1 号的黄色人来说，这可就辛苦了，黄色人并不喜欢这样的奉献情操，而是认为能够一起欢笑、一起从事些有趣的事情才是爱情的真谛。

1 号黄色人喜欢主控，由自己担任操控的主导者，然后自己再去把这场戏演好，希望 6 号红色人最好就是做一名喜悦的观众，一起分享演出成功的荣耀时刻就好了；不过，6 号红色人却不甘寂寞，最受不了被冷落在一旁，因此，他们也想参与演出，一起夫唱妇随。两个人都是聪明人士，都想要有所表现，爱情的主导权之争于是可能展开，落得不欢而散。

建议这样的爱情组合，最好从大处来看，也就是说，某些时候黄色人可以让红色人来做主玩玩，6号红色人也不需要总是依照自己的想法来行事，双方都可以好好地互相配合主导彩排，互相尊重，毕竟一个人有光明天使支持，一个人有尘世天使引导，是可以好好地服务众人、带来更多的欢笑并成为有希望的好搭档喔！

6号红色人 vs. 2号蓝色人

6号红色人遇到2号蓝色人，这可真是天作之合呢！容易抱持不信任及怀疑态度的2号蓝色人，终于遇到了可以奉行爱情牺牲理论的6号人，而且6号人的身体力行，绝不只是说说而已，这让2号人好放心、好感动，也好满意。这是个可以因为不断实践与证明，而充满信任感的爱情组合。

对2号人来说，稳定中求发展，踏实一点的爱情才不会容易发生意外，这点6号人可是可以全力配合的。2号人有时太过沉闷，6号人会适当地开解，并且搂搂抱抱一下2号人，撒个娇，一切就改变了；6号红色人的积极与热情，遇到2号人特别容易施展开来，正是因为被信任的爱情可以带来更多的创造力与影响力，也能启发一个人的灵感，激励红色人勇往直前。

红色人喜欢稳定的2号人，因为在生活中，务实的6号人是不会太天马行空的；而2号人擅长沟通表达，社交能力不错，这些都可以让

6号红色人感到欣赏。不过6号人应该要注意身体健康，太过度耗用能量，虚弱地依赖有时会让2号人感到吃不消，所以，两个人需要对保健常识和养生学都有点研究，才能学习在爱中成长，互相扶持。

6号红色人 vs. 3号绿色人

6号红色人与3号绿色人，两个人都有照顾人的天性，这个天性是使这段爱情关系特别美好的原因之一。绿色人喜欢当老大，喜欢来点新鲜、有创造性的，若是一直重弹老调，有时会觉得很烦闷；6号红色人则不会让绿色人有这样的机会，因为他们会好好照顾自己，也照顾另一半。

正如两个"3"相加等于"6"，他们也都能懂对方的语言。6号人特别能明白3号人的小脾气、妒嫉心，或是耍弄的任何心眼。另一方面，对于对方的家庭状况或成长背景的理解，也会产生一种特别疼惜的心。有时6号红色人反而疼惜一直喜欢把所有事揽在身上的3号绿色人，连他们的抱怨都是可以理解的。红色人一点都不在乎是否过分宠爱绿色人，也很喜欢这样的包容和爱情上的扶持。

建议这样的关系得来不易，3号的绿色人应该要好好珍惜，不能恃宠而骄，红色人发起脾气或是倔犟的时候，也是挺要命的，这时绿色人是完全玩不转的。一段关系有时就像打太极拳，两个人要能有来有往，红色人切记不要一下子冲动地让对方直捣黄龙，这样连个余地都没有啰；

而绿色人则应该要深深明白，一段理想的爱情关系要建立并不容易，而碎嘴子叨叨念，却很容易破坏彼此间的信任，不能不小心行事喔！

6号红色人 vs. 4号金黄色人

6号红色人特别喜欢爱情游戏，4号金黄色人则特别期待一位可以相守在一起的稳定伴侣。6号红色人在爱情中清楚务实、敢爱敢恨的态度，也深受4号金黄色人的喜爱。因此，这样的组合算是满适合的搭档。

不过尽管如此，6号红色人其实有时候是有点冲动行事的，冲动开始之后，也只好硬着头皮继续下去，并且相信总能走出一条路来。而容易紧张、喜欢掌控的金黄色人，非常聪明也了解红色人的少不更事，因此金黄色人总会先想好所有的情节，或是事先防范未然，以让自己受伤害的情况降到最低。不过，做这么多的防范及规划，其实也只是因为4号金黄色人的不安而已，爱情的路上本来就充满了凶险，想要趋吉避凶是可以理解的！

幸好6号红色人真的没有那么险恶啦，除了总是喜欢呛声之外，他们纯真的心地和务实的个性中，其实还是很渴望有一个好的对象可以陪伴，所以仍然会身体力行，好好珍惜这得来不易的缘分。

建议金黄色人不要太过担忧，该你的跑不掉，不该你的，强求也没有用。一颗心与其用来担心，不如把心思放在开心的事情上，更何况你们两人的意见不会相差太多，所以不需太过担忧，除非4号金黄色人小时候家里发生变故或是成长为单亲家庭，有可能影响到价值观，否则，在爱情关系的经营上应该都能否极泰来。

6号红色人 vs. 5号紫红色人

擅长牺牲奉献的6号红色人，总是会让5号紫红色人感到非常喜悦。不要忘了，5号紫红色人是特别能对他人内心情感产生同理心的天生好手，因此，这样的爱情关系似乎有一点对味。

不过，红色人有时会大刺刺的，不够细腻，在爱情方面的表达也总是随兴所至，这些让5号紫红色人有时会感到有点受到惊吓，虽然会因为被爱得如此激烈感到很开心，不过还是常常感到很错愕又不知道该如何表达。5号紫红色人渴望的爱情是可以细水长流，不是一次玩尽，然后就解散了；而要求多的5号紫红色人，不仅希望家中有人等待着，还希望能有更多的自由，可以让他们再去冒个险，玩一玩，累的时候再倦鸟知返。

这点对红色人来说，有时是会让他们感到有点不开心的。虽然红色人能为爱走天涯，继续配合对方，不过，当红色人希望5号紫红色人也应该相对付出时，紫红色人很可能会拔腿就跑，再也不回头了。这样的爱情关系建立在一种辛苦的渴望之上，必须要有一方能改善自我，爱情关系才会有所变化，若是两个人都不能改变，这样的爱情迟早会结束。

6号红色人 vs. 6号红色人

最激烈的爱情莫过于这对组合了。6号红色人炽热的爱情，总能带给他们另一半刻骨铭心的回忆。两个6号红色人相遇，就像是干柴遇上烈火，两团烈火可以一起炙烧得更加热烈。爱情对6号人来说，是非常重要的生命落实，如果没有爱情，没有人能够分享，赚再多的钱也是感伤的。因此，6号红色人很希望能有一个对象可以让他们实现生命的完整。最好的爱情方式，就是两个人坦然以对，互相探讨理想的爱情关系，最好不要随便发脾气，也不应任性妄为。

6号红色人所做的任何表现，都是很希望在爱情关系中能被另一半肯定，所以，会很努力地赚钱、买礼物，又或是讨对方欢喜。6号红色人为了爱情可以牺牲奉献，不过若是发现对方不如自己的预期，反而会有一股怨气及不满，甚至可能懊悔过去种种为对方所做的事。

为了避免有奉献太多之后的怨气，建议两个人最好能够培养共同的默契，例如一起去学某种运动，体能上的劳动是增进两人感情最好的方法。6号红色人很容易紧紧抓住负面的能量及想法，所以，通过体能上的运动，不仅可以让身体越来越健康，也能让心情健康开朗起来，有助于爱情的正面思考与行动。

6号红色人 vs. 7号橄榄绿人

6号红色人的爱是深刻的,爱对方太深有时会让自己感到十分痛苦,所以常希望能遇到真正爱他们或是爱得更多的另一半。可惜当红色人遇到7号橄榄绿人,便事与愿违了,6号人还是爱7号人比较多、比较深。

对于有理念及热情的6号人来说,要他们退却或失望是不容易的,当多情的红色人遇到多疑的橄榄绿人,即使难免牢骚满腹,可是还是很希望能影响对方,让对方能转冷为热,转淡为浓。红色人企图塑造一个符合7号橄榄绿人的理想爱情国度,却忘了照顾自己,这样可能不太好喔!因为对红色人来说,太过漠视自己的权益,一段时间之后是会感到更孤单痛苦的唷!

因此,最好的相爱之道就是正视彼此的需求,并进而创造更多对双方都有好处的事。爱情不是单方面的情感抒发,也不是只有单方面的想法或行动,而是更乐观地面对异与同、开心与不开心、悲与苦,都可以一起尝试。如果能通过正视问题而欣赏彼此不同的个性,这样爱情就可能有转机,否则,这两人的爱情就像是一条不归路,最后很可能带来的是彼此的后悔,而非感谢,这对两个不错的好人来说,就太可惜了。

6号红色人 vs. 8号橘色人

6号红色人是个特别有力量与活力的人，在爱情关系中，红色人永远是一马当先，不落人后的。当遇上了8号橘色人，热情便引爆一发不可收拾。两个人都有冲动的一面，因此很容易燃起爱苗，爱神之火熊熊燃烧着两颗期待已久的心，甜蜜的开始自然不言而喻。橘色人希望另一半能有所表达，红色人也是，而且更喜欢身体力行，以行动表达爱意。橘色人有时候有点腼腆，因为红色人太主动了，刚开始橘色人还有点怕怕的呢！不过经过一段时日的熏陶，橘色人的热情逐渐被点燃，慢慢地会比较放得开，也较为习惯红色人的爱。

但是，红色人有时脾气来得快也去得快，对于不顺心的事往往没有耐心忍受，因此，常可能在爆发的当时吓到了橘色人。橘色人的情绪不若外表看起来那么稳定，有时甚至会歇斯底里一点，所以，若是红色人能了解另一半的弱点，在对方怪怪的时候忍让一下，这样子就能相安无事。但若是红色人也在气头上，就难保两人不会上演全武行了。橘色人容易记住不愉快的情绪或暴力情绪的对待，久久不能忘记，因此建议红色人在情绪的抒发上不要太过度任性，以免吓到另一半，造成两个人心理的阴影。

假如两个人都能够以诚相待，一起参加运动健身俱乐部或是学习游泳等水性活动，将有助于两人爱情的发展与滋长，毕竟爱情也需要更多内心的契合，若是无法在情绪和心灵上沟通，这样的爱情关系可能只能短暂维持；另一方面，两个人若觉得相处上有些无聊，爱情关系就容易生变，最好能多找点可以同时增进感情、使生活不会枯燥的方法，这样可以让爱情更甜蜜喔！

6号红色人 vs. 9号紫色人

热情的6号红色人，遇到了慢郎中的紫色人，一快一慢，还真不搭调。红色人喜欢快速的爱情，火花一爆发就不可收拾，是快热快动型的人；而紫色人则是慢热型，不过爱火一经燃起，紫色人可是会让它一直熊熊地燃烧下去。当红色人快要断了热情时，紫色人才开始热了起来，有时两个人的时间搭配并不理想，可是，总是有一些吸引力，双方才会这样走进爱情的关系。红色人欣赏紫色人的内敛与精致，紫色人则喜欢见到一个热情洋溢、有行动力、热爱生命的红色人。因此，双方对于这段爱情关系，即使不强求也不特别的掌控，也总是会自然走到一定的流动之中。

9号紫色人丰富的想象力及理念，会引导红色人找到热情的出口，红色人的方向需要有所指引；紫色人的理念也需要红色人的信赖与执行。这对组合若能通过内心最深的互信，则可以创造爱情与激发更多的生命热情，很多的理想也可以一起实现。这段爱情关系也可以让他们成为很好的事业伙伴，只要是他们看准了的事业，通过良好的互动与彼此个性上的了解与互补，便能创造事业上的高峰。

6号红色人 vs. 0号靛色人

红色人的热情总是吸引着每一型人，连外表冷冷的靛色人都深深地被吸引。不过靛色人很害怕红色人，感觉非常没有安全感。红色人像是可以瞬间把靛色人剥个精光，让他们赤裸裸地面对外界，这点让靛色人感到害怕与不安，所以总是敬而远之。红色人的冲动与积极，看到总是落跑的猎物，哪能轻易放过，尤其是充满魅力的靛色人，连不说话也都散发着吸引力以及让人怜爱的忧郁，是红色人很想要尝试的不同口味。

碰到红色人猛烈的追求，靛色人就是落跑得比谁都快。靛色人喜欢红色人的开放与明确，不过这段关系中最难以突破的，还是肢体上的接触。靛色人虽然非常渴望有进一步的接触，但是并不希望太快、太草率。建议红色人不要过于猴急，该你的跑不掉，不该你的强求也没有用，太急躁反而会有反效果，不妨小火慢炖，让肉煮熟一点，凡事不要太过于心急，用心去倾听对方的需求及恐惧。

靛色人不是不接受红色人，只是需要被了解，需要时间，不能太乱太快，这会让靛色人无法承受，心脏病发作。建议靛色人好好找机会与红色人沟通，因为靛色人是非常需要红色力量的，才能让所有生命中的精彩成为真实，只是远远地观望，是不会有任何结果的。唯有跳进去才能明白个中滋味，所以，爱情无所损伤，也没有人能伤害得了自己，只有自己惊吓自己，那才会吓死人。谈不拢的爱情，顶多就是好聚好散，分手罢了，不要太在意得失与成败啦！

好运配搭法

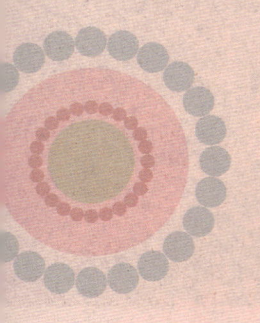

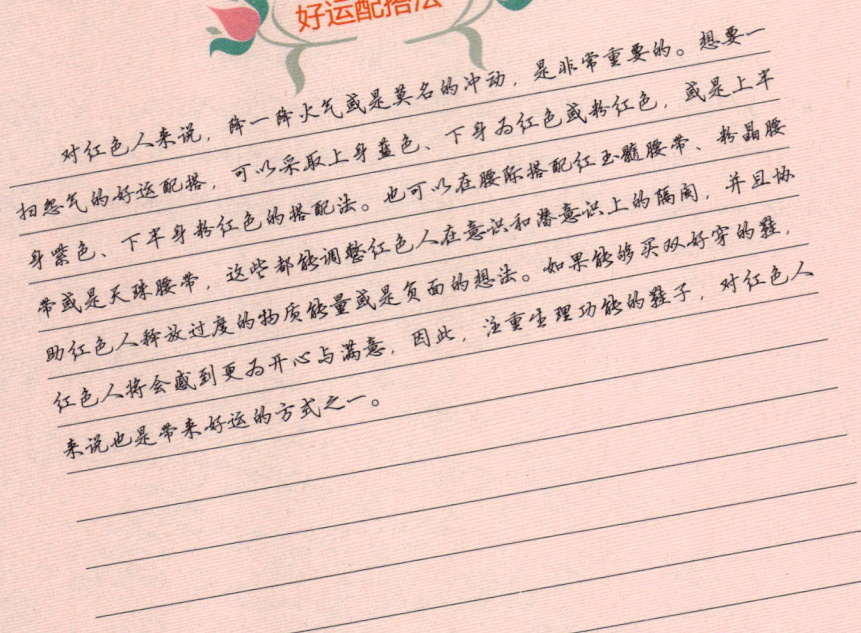

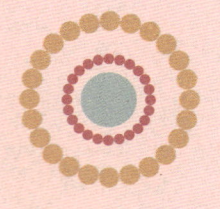

对红色人来说，摔一摔火气或是莫名的冲动，是非常重要的。想要一扫怨气的好运配搭，可以采取上身蓝色、下身为红色或粉红色，或是上半身紫色、下半身粉红色的搭配法。也可以在腰际搭配红玉髓腰带、粉晶腰带或是天珠腰带，这些都能调整红色人在意识和潜意识上的隔阂，并且协助红色人释放过度的物质能量或是负面的想法。如果能够买双好穿的鞋，红色人将会感到更为开心与满意。因此，注重生理功能的鞋子，对红色人来说也是带来好运的方式之一。

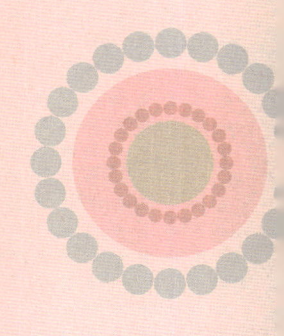

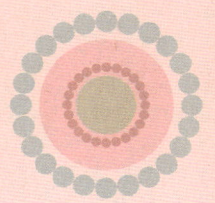

幸运水晶
红玉髓、石榴石、红宝石

连接你的天使之光

红色人连接尘世天使，尘世天使多半能带领红色人成为一个真正喜悦落实生命、热情洋溢的人。

不过，红色人最大的问题是过度冲动，而且很可能一个不顺心就充满了负面的怨气和想法，这时红色人可以向尘世天使这样祈祷："我的身体是完美及洁净的，我喜欢我的身体，我喜欢大地，也喜欢我的双脚踏在地上紧密的踏实感。请尘世天使帮助我，能够喜悦地重生。"

橄榄绿 7号 领导天使

> 如果你的公元生日数字是7、17、27，那么你的一切都与"橄榄绿色"有关，将由"领导天使"来守护着你。

由领导天使守护的 7 号
橄榄绿色幸运儿

⭐ 橄榄绿色的意义 & 古代神秘学中的意涵

橄榄绿是柔性领导的色彩,连接领导天使。橄榄绿也是一个苦尽甘来的色彩,可以带来希望、放下苦闷,为人带来更多的启发与直觉力。它是一个经常被人忽略的颜色,常常隐藏在绿色之后,或是被认为是混淆了黄色和绿色后的色彩。其实,较多量的黄色加上适量的蓝色,都是橄榄绿色所代表的一种领导特质,是特别要人由心去感受的色彩,唯有细致的心,让心变得细微,才能注意到不曾注意的细节,那就是橄榄绿。

在《圣经》诺亚方舟的故事中,当和平鸽衔着一片叶子出现,代表希望就在不远方,因为有陆地才有树木,那片叶子正是橄榄树叶。橄榄树的油可用以点灯,在古神秘学中象征着带来光明与希望;而橄榄树的果实必须经由浸泡得来,象征着苦尽甘来;在精神层次上,橄榄树更代表了女神力量的崛起,也是人心都具有的敏感与直觉力量。

⭐ 橄榄绿色的人格特质

橄榄绿色人是非常治疗师型的人,他们特别能够倾听他人心中的苦,也特别能给人一种温暖的柔和力量,软化人心。橄榄绿色人对于自我的要求甚高,守密的可信度也高,不过经常会将他人的辛苦误以为是

自己的，或是因为他人的问题引发自己内心的投射。

橄榄绿色人不太能信任自己的灵感，若不能突破这个关卡，就没有任何能力可以去除自己心中的障碍，也不能成为真正的领导人；而治疗师的历程正是如此，需要经过许多的考验——突破，才能真正领导人心，让橄榄绿人真正做自己。

⭐ 数字 7 型的特质

数字 7 型的橄榄绿色人，是个超级喜欢追寻真理的类型。对于所有的事情，都希望能明白得清楚一些，充分善用了大脑，却根本不在乎自己内在的感受及心灵力量。分析和怀疑是橄榄绿人最在行的事，也最能展现他们过人的理智层面与分析思辨的天赋本能。

因为非常在乎世俗人的想法，很在意别人的意见以及他人对自己的评价，所以，7 号人时常会感到疲累，也特别重视独处。不过，很多外在的评语可能都是 7 号人自己幻想出来的情节，他们特别希望能功成名就，所以多半 7 号人可以自己编成完整的剧本。承受不住时，7 号型人会逃之夭夭，但是心中总有个真理的蓝图，希望有一天能够在百般试炼后找到答案。

⭐ 橄榄绿色的符号

十字星，像一颗星一般地透出光亮，正是橄榄绿人的幸运符号。

这是一个可以鼓励橄榄绿人重生、做自己的符号，可以特别提振心中之星，让明亮的星找到自己的道路。

⭐ 橄榄绿色人的金钱幸运指数

橄榄绿人最大的特质，就是"恬恬吃三碗公"的实力[①]。由于安静又能守密，思考能力也很强，所以，很多朋友都喜欢听橄榄绿人的意见及处方。又因为橄榄绿人最能集中火力在追寻的路上，加上务实的个性和令人信赖的稳健做法，都可以稳稳地替橄榄绿人赚到大把银子。在一年四季中，只要橄榄绿人不老是抱怨，或是感到生活中有太多的不满，每个季节都可以是橄榄绿人的财运季节。

不过，若是橄榄绿人一失去心理上的丰富和斗志，一股脑儿地全都是负面的不满及苦涩，每天一睁开双眼就是感到怀疑、不安，或是觉得这个世界对不起自己，忽略了宝藏就在心中，那么一年四季也都是橄榄绿人的"衰"运期。想要营造好的运势，甚至是趁势而起，橄榄绿人就特别要学习感恩、感谢，要不断感谢，还得持续从事布施捐款的公益活

---

① 恬恬吃三碗公：这是一句比较常用的闽南语，即"安安静静吃了三大碗"，意为深藏不露。

动。如果一旦抱怨或是忘了替人着想，橄榄绿人就会特别容易失去好财运，这是一个有趣的奇怪金钱法则，也是橄榄绿人的小魔法，这个魔术会因为橄榄绿人的直觉力，特别能发挥功效喔！

★ 橄榄绿色人的健康福气趋势

胃、胸口、喉咙和脑部是橄榄绿人最需要照顾的区块，心里容易藏着辛酸或秘密，又在乎他人评语的橄榄绿人，内压与外压经常强大到无法承受，再加上用脑过度，因此最需要在适当的时机、场所，做适当的健康调整。以下几个检测问题，有助于判断橄榄绿人的健康情况：

1. 与人相处之后，有时是否会有恶心想吐的感觉？
2. 甚至在频繁与人接触后，回家真的呕吐，吐完才会感到舒服？
3. 有胃溃疡？或是胃经常会有抽筋或疼痛的症状？
4. 是否曾经罹患胆囊结石或是胆方面的疾病？
5. 容易心绞痛或是岔气？

以上若有3项以上的问题答案是肯定的，那么橄榄绿人应该多加留意健康问题，尤其是因为情绪因素所引发的生理病变。一个月之中，农历初一的接下来7天到14天之内，橄榄绿人需要多从事沟通的工作，与身体沟通，说诚心的话语，然后这个时间内最好能多补充自然的蔬果，增加矿物质以及微量元素，多喝有益质纯的水。

农历十五日（满月）的前后3天，建议多补充维他命B群与C，以便抗压及调整心情。农历初一的前后7天，适合从事需要头脑清楚的工作，因此，这个时候若能搭配固定的心理咨询或是能量调整，有信仰的人则前往所信仰的地方从事心灵上的再加强与稳定，这些都可以让思绪放松，也能对自己有正面的影响力。

⭐ 橄榄绿色人的爱情幸福激素

7号橄榄绿人 vs. 1号黄色人

7号的橄榄绿人和1号的黄色人都是个野心家，都很希望自爱情中得到利益，在豪门企业中，最多的便是这一类的组合。1号人非常喜欢表现及掌握爱情游戏的主导权，聪明的头脑乐于为身旁的人带来好处，也希望通过自己的存在，能够让人感到明亮，这是阳光般的1号人的特质，也是最希望能在爱情中展现的光芒。

7号的橄榄绿人也是野心勃勃地想在爱情中得到所有的好处，希望有爱也有钱，因此对于对象的选择，可是非常高标准的喔！这个组合是很完美的，因为1号黄色人还是有不能为外人道与分享的心事，这可是橄榄绿人的专长——倾听他人的心事，然后一掬同情之泪，甚至化身变成对方，不分你我。7号人需要思索后才会行动，这样可以拉

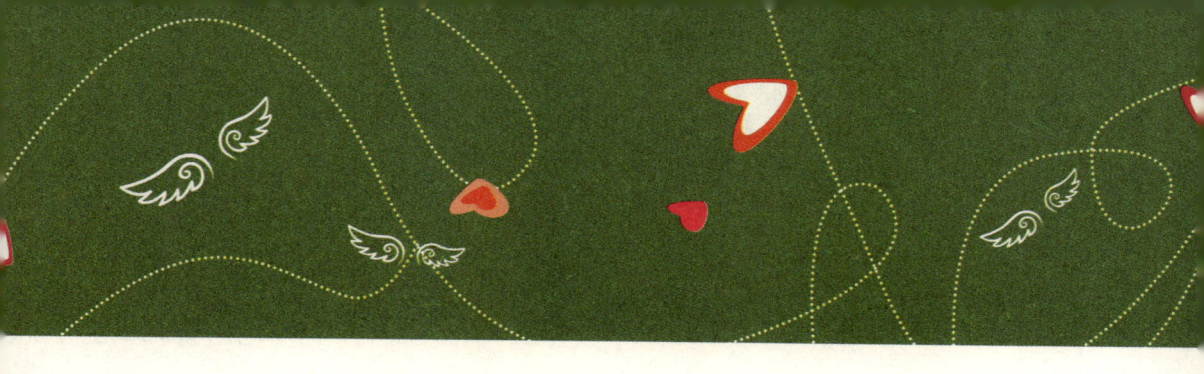

住有时思虑欠缺严谨的1号黄色人，尽管1号人有时是满受不了7号人的慢动作及想太多的，不过大体上来说，这还算是一个绝配，是不错的爱情搭档。

　　建议两个人可以多从事与海洋有关的活动，像是去海洋生态博物馆，或是乘船、浮潜等等接触阳光和水的活动，都可以让两个人暂时放下过多的想法及怀疑，感受到世界的广大以及人类的渺小，这些扩展生命的经验对这组爱情关系来说，通过只是沉浸在单纯的自然世界之中，不仅能够增加两人的甜蜜爱情，更能让两个人的心更紧紧地相系在一起。

7号橄榄绿人 vs. 2号蓝色人

　　2号蓝色人虽然喜欢思索又精于沟通表达，是个社交奇才，不过在爱情中，还是个依赖性极强的另一半。7号橄榄绿人遇上2号的蓝色人，最吸引橄榄绿人的就是一场你来我往的脑力激荡，非常愉快地互相欣赏，高手过招，两个人不打不相识，喜相逢之后，可能天南地北好好讨论一番，这真是个有趣的相识经验。

　　不过，爱情的路上可就不一样了，2号人很希望7号橄榄绿人能多体贴、多倾听，最好一颗心全在他的身上；而7号的橄榄绿人却始终全心探讨世界的真理，在外面倾听太多了，回到家很想多倾吐一些给另一半，所以若是7号人不想多说话，可能2号蓝色人会感觉不被重视，或

是对方已经不再爱他了，这样可能很容易会引发两人之间的争吵。

对爱情的憧憬来自于两个人彼此欣赏不同调的地方并因而被吸引，7号的橄榄绿人真的很想要有一个志同道合的人，希望能有个个性独立的对象，而不希望对方是一个只想黏着的另一半，因此若是两个人希望能好好地走上爱情的道路，可能需要好好地、诚恳地谈一谈，不需要弄到心碎又怨恨，做不成爱人还是可以做朋友的。

7号橄榄绿人 vs. 3号绿色人

两个志同道合的人会想要一起追寻天上的星星。远大的理想需要有同志相伴，同志最好就是另一半啰！不是吗？两个人都很想把事情弄清楚，喜欢照顾人又古灵精怪的3号绿色人，很喜欢围着7号橄榄绿的另一半问问题，通过对方的想法，3号人常常能有更多的灵感被启发出来。7号人是优秀的治疗师，所以3号绿色人非常喜欢与对方谈心事，尤其两个人都可能需要大自然的启发，因此一起去水边海边走走，吹吹海风，在海风的吹拂下好好谈谈心，这些都比窝在家中来得愉快。

对3号绿色人来说，想扩展视野、放下心里的结和情绪，是在这段爱情中最期待的事，而橄榄绿人好不容易遇上了心肠好、也同样具有治疗师特色的对方，怎能放过呢？因此，总希望能多向对方坦白心事，不过愈坦白聊心事，就可能愈让两个人感受到差异性，7号人想深入一点探索，不过 3 号人已经感到满了出来，觉得不能够再继续深入下去，太多的包袱可能会让 3 号绿色人感觉太过沉重，所以，有时候会愈来愈感到不同调，情路走得有点辛苦。

建议两个人学习接受彼此的异同之处，拓展心的视野，很多事可以学着放下，不需要紧紧抓住，如果可以一起开心地体验爱情，就不枉两个人相识一场啰！一场爱情就算不适合，也能再期待下一次。

7 号橄榄绿人 vs. 4 号金黄色人

双方都很希望能有个稳定的爱情，而且也应该要有财富等各种稳定的关系，4 号金黄色人对于爱情抱持着一种执著的态度，希望能与另一半创造一个安定的关系，因此 4 号金黄色人会尽心尽力地促成一切。也因为两个人都希望能先有财富再成家，因此也都很努力地希望能一起投资理财，或是更努力工作赚取幸福的将来。这样一致的目标，是非常好的发展，对于爱情来说，最好的成长便是有志一同地发挥所长。

爱情的关系需要两个人一起培养，对 7 号的橄榄绿人来说，很多的事情的确需要三思而后行，爱情更是马虎不得，因此在爱情伴侣的选择上，7 号橄榄绿人虽凭直觉去挑选，但其实那同时也是经过深思熟虑的结果，这样的组合是一个可以创造金钱的抢钱二人组，所以对金黄色人来说，是非常理想的搭配。但是，橄榄绿人有时可能会希望从事一点自己的活动，或是找一些不同的朋友一起游玩，放松一下心情，这时候，建议4号金黄色人不要太黏人，有时互相保留一点各自的空间，也未尝不是好事，可能可以让感情更增温喔！

7号橄榄绿人 vs. 5号紫红色人

7号橄榄绿人对于不喜欢的事情常会假装没事，可是却又藏不住心里的话，遇到想要事事粉饰太平的5号紫红色人，可真是天生的一对。5号紫红色人想要自由自在，但因为能够设身处地对他人的心产生同理作用，所以常会感到矛盾与气愤，气自己不能坚持己见，却又不能不配合他人，因此当他遇到了渴望自由与希望世界上不要有不好的事情发生的7号人，两人常会天南地北地谈到彼此的希望和梦想，这种快乐的感觉，让双方都很渴望能彼此了解，也能互相感受到温暖及乐趣。

这样的爱情组合还满不错的，两个人可以活在二人世界中，感受不到外界的险恶或是挑战；但相对地，这两个抗压能力不强的人，经常需要独处以释放面对外界的辛苦。7号橄榄绿人的怀疑论常让自己活得有些辛苦；而5号紫红色人一向有其活着的辛苦与黑暗面的信仰，这也让5号人有时希望眼不见为净。所以两个人相处在一起时，有时反而会感到疲累，也不能对彼此有太多的帮助，只好都躲起来偷偷休息。

建议这样的爱情组合，最好能多由心出发，学着信任自己以及世界，

当心情感到疲惫时，不妨订个机票或是背起背包，到其他地方走走看看，度个假，抛开一切的忧虑或烦扰，去享受能够独处的二人世界吧！

7号橄榄绿人 vs. 6号红色人

6号红色人的爱是深刻的，爱对方太深有时会让自己感到十分痛苦，所以常希望能遇到真正爱他们或是爱得更多的另一半，可惜遇到了7号的橄榄绿人，事与愿违，因为在这个组合中，6号人还是爱7号人更深一点。对于有理念及热情的6号人来说，要他们退却或失望是不容易的，而多情的红色人遇到多疑的橄榄绿人，难免牢骚满腹，但又还是很希望对方能够因为自己而受到影响，让对方能转冷为热、转淡为浓。红色人企图塑造一个符合7号橄榄绿人的理想爱情国度，却忘了照顾自己，这样可能不太好喔！因为对红色人来说，太过漠视自己的权益，一段时间之后是会感到更孤单痛苦的唷！

因此，最好的爱情之道，就是正视彼此的需求，并进而创造更多对双方都有好处的事情。爱情不是单方面的情感抒发，也不是只有单方面的想法或行动，而是更乐观地去面对彼此的异与同，无论开心与不开心、悲与苦，都可以一起经历。如果能通过正视问题而彼此欣赏不同的个性，这样两人之间的爱情就能有所转机，否则就像是一条不归路，最后可能爆发的是彼此的后悔，而不是感谢，对两个不错的好人来说，那就太可惜了。

7号橄榄绿人 vs. 7号橄榄绿人

又是一对难分难舍、爱得深却又可能恨得深的组合。两个人都很聪明、很精于头脑的辨析，但其实又都很需要从爱情关系中将失去已久的能量复原，那个能量是什么呢？其实就是柔性领导的一种精神力量，也是一种情感的感受力。长久以来习惯封锁自己内心世界的7号橄榄绿人，其实非常渴望热情如火，只可惜在还没有正式把热情挥洒出来之前，就已经熄火了；而浇熄这场爱情之火的，不是别人，正是自己。因为不敢爱，又不敢信，痛苦的心情是可以想见的。

你们的爱情关系虽然可能走得痛苦，不过这都是为了打破你们自身的限制所必要的一种经历，通过这种经历带来的成长，是需要更多的挫折才能接收到的，为什么呢？答案还是必须问你们自己，因为你们不愿意相信从容易的事情中也可以有所获得，以为必须努力地一而再、再而三创造出刻骨铭心的爱情，才能够真正吸收到精华，让自己相信并确认。虽然这是自找的辛苦爱情关系，不过你们这个组合最能印证的就是"冥冥中自有安排"这句话，因此，不妨相信有一只看不见的手，正将你们带往成长与进步的路上。接受自己、爱自己所正在进行与创造的事物、爱自己的另一半，而那个另一半，往往也是自己。

7号橄榄绿人 vs. 8号橘色人

7号橄榄绿人常需要独处并思索生命的本质与意义,这对8号橘色人来说,是非常可以理解与尊重的。虽然7号橄榄绿型人聪明有智慧,不过太过严肃看待某些事物,就算有人想靠近他,但经过一段时间可能会放弃,不想在一起谈恋爱。若是需要教授,去学校上课就有了,家中不需要放着一位老学究,因此有时略嫌无聊单调的他们,是很难吸引到另一半的。

可是在古怪的8号橘色人眼中,见到橄榄绿人可像是挖对了宝,怎么说呢?这块宝可不是普通的宝,而是可以带动8号人的心灵成长,因此对于一心想要弄清楚、想明白的8号人来说,简直是如鱼得水,快乐得不得了。虽然有时8号人会因为7号人不能陪他们而感到有点不满意,但还不至于很不高兴,8号橘色人可以在这段爱情关系中学着成长以及尊重与接纳,也会学着独处,因此,对8号人来说,这样的关系无疑就是在学习长大。

7号橄榄绿人必须要能注意到8号人的自我改变,为了爱情,8号人愿意成长,因此7号人请一定要适时称赞8号人,以便产生更进一步的良好关系。这样的方式在别人眼中不可思议,但对于他们却是非常有用的爱情关系。但若能再多一点互相尊重,且7号人不要想太多,没有太多的怀疑,而8号人有情绪问题时也能够以正面的方式去思考,这样

的话，两人的感情就能长长久久，浓得化不开了。

7号橄榄绿 vs. 9号紫色人

9号紫色人遇到7号橄榄绿色人，就像是一场无止境的治疗。7号橄榄绿人天生善于倾听，令9号的紫色人感到特别受到尊重并被吸引。不过，紫色人和橄榄绿人有时把这场爱情弄得像是一场场的治疗，一个是喜欢治疗他人的7号型人，另一个是永远想被治疗与了解的9号型人，所以这其实是个不错的组合。这样的关系，初期像是互相吐苦水大赛，两人忙着倒出许久未解决的问题与情绪，不停地哭、笑、苦、痛，许多的情绪都在这场爱情关系中被激荡出来，所以，这也是一段很值得的爱情关系，两个人可以将过往的问题一股脑儿地清理掉。

7号橄榄绿型人不是没有自己的问题，只是遇到了更需要发泄的紫色人，因此7号人会先接收紫色人当做个案，让紫色人的闷与怨全数倾吐出来；而此时紫色人会心生感谢。不过紫色人若是一旦复原，忘了伤痛，就恢复原有的执著与傲慢，那么紫色人就会体会到前所未有的再次跌倒的痛苦。紫色人必须学会教训，许多的执著造成了今日的痛苦，若是能体贴橄榄绿人的支持，这段关系自然便能增长；若是紫色人看不惯橄榄绿人的个性特质，不能将其缺点当做优点，那么这段关系将会出现缺口。要记得，没有什么关系是完美无缺的。

7号橄榄绿人 vs. 0号靛色人

　　橄榄绿人喜欢靛色人的清爽、优雅以及神秘感；靛色人则喜欢倾听橄榄绿人吐苦水及聊心事，这一反橄榄绿人与其他人的角色关系。只有走到靛色人面前，橄榄绿人才能没有担心、轻松地告解，坦白赤裸裸地剖析自己。因此，这是一组不错的搭档，在爱情的旅程中，两个人会因而相知相惜，因为只有对方最了解自己。不过，这样的组合很容易变成互相依赖，愈来愈多的苦水被吐出来，却没有人能收拾。

　　因此要明白两人的爱情到底是怎样的缘分，应该是要共同成长，而不是只是互相依赖；应该要互相调整对方的执著，让苦水愈来愈少，心灵愈来愈澄澈宁静，这样一来爱情关系就能激发出更大的火花，你们的关系也会愈来愈甜蜜及紧紧相依；但若是不能由痛苦或不愉快的过去中走出来，爱情将会面临更大的挑战。毕竟两个人在一起时曾有战地情谊以及为两人带来所需要的快乐和活力，因此靛色人必须要很清楚地接收到爱情的讯息正是要两人相爱，因为爱而有了生命的动力及活力，也因为爱，两个人才能无所畏惧、勇往直前，携手共创未来。

好运配搭法

对7号橄榄绿人来说，最好的搭配就是神秘的意境与色彩。不太能接纳自己、尚未有足够信心的橄榄绿人，对于太过明亮的装扮会让他们感到特别没有安全感，因此，没关系！那就穿戴让自己最安心的色彩。上半身不妨穿戴时下流行最"IN"的军中迷彩装系列色，以满意意识层面的有许多不能为外人道的想法与经历。下半身则可以穿戴暗红色或是黑色，暗红色可以帮助橄榄绿人抒发并见到自己内心的怒火，可是不会迁怒到他人身上，只有橄榄绿人自己知道；而黑色则能帮助橄榄绿人明白自己内心尚未开发的灵感与直觉。

已经在转化中或转化后，也就是勇于认识自己多一点的橄榄绿色人，最好的搭配就是彩度高的上半身及下半身，像是流行的芥末黄或是黄色加亮彩的橄榄绿，或是亮度高的白色或银色。不过一明一暗的搭配较好，不能全暗或全亮，以免物极必反。橄榄绿与淡粉红色也是不错的配搭，可以产生阳刚中又带有慈悲的柔性之美。

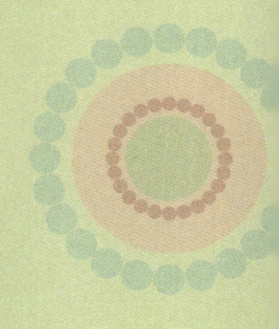

幸运水晶

捷克陨石、西瓜电气石

连接你的天使之光

橄榄绿人连接领导天使。领导天使带领橄榄绿色人以自己的直觉及信任，走出属于自我的一片天空，就像诺亚带着全家人凭着信任与直觉，迎接奇迹之光，获得重生。

当橄榄绿人感到莫名的绝望或是心灰意冷时，不妨向领导天使做正面的祈祷："请带领我走向心的道路，我想从个人小小的欲望中走出，走向真正的真理与喜乐的道路。请指引我，带领我，让我带领我的心，我的子民。"

橘 8 号 归属天使

> 如果你的公元生日数字是8、18、28，那么你的一切都与"橘色"有关，将由"归属天使"来守护着你。

由归属天使守护的 8 号
橘色幸运儿

⭐ 橘色的意义 & 古代神秘学中的意涵

橘色是个令人愉悦的色彩，连接归属天使。

橘色是个可以令你自腹部温暖起来、非常特别的颜色，因为它主导的是脾脏功能及情绪记忆。肉体的运动或是精神活动都会影响脾脏的收缩。由于脾脏具有清除及过滤血液的功能，对于身体与精神的抗体以及血液循环，都有极大的影响力。橘色可以确保及促使情绪不致过度起伏，影响了脾脏的功效。也因为橘色可以吸收惊恐的感受，因此对于经常受到惊吓却不能自主、感到恍惚的人来说，自古以来就是一种不易亲近却非常重要的整合色彩。

橘色激励的能量，也对应到性能量带以及生殖器官的运作，能带来内在最深沉的喜悦，并影响性功能。这里所指的性功能，像是感官上的一种体会，像是在狂欢嗑药后的一种感官享受，非常沉迷、非常迷乱的混乱关系与感受，是突破个人的限制、很极端的一种激励与突破。有趣的是，当我们说"我们连接了我们的下腹部，也就是我们与自己内在最深的那个我"，这还是与橘色有很密切的互动关系，只是这层连接是真实发生，又或是虚幻的，橘色都能创造出来。古代神秘学中，脉轮、太极、瑜伽、冥想、呼吸重生等，都与橘色有关，可以启动一个人的身体和灵魂的整合、净化以及带来平衡与圆满的感受。

⭐ 橘色的人格特质

平衡的橘色人常感到很喜悦,有一种自动的感受或表现会出现。不过,橘色人其实经常表现得很孩子气,很容易受到惊吓,像是个长不大的孩子,却已经有着长大后的身体外形。有时吃太多,有时吃太少,有时很热情开放,有时又很恐惧封闭。总是很努力地想要抵抗恐惧和虚弱,不希望别人见到这个连自己都不喜欢的一面;但有时像孩子的那一面出现时,橘色人却又好像没事人,忘了世事的烦恼似的,给人一种外表坚强,但内心脆弱难解的形象。

橘色人常给人尖锐的感觉,总是在寻找刺激和新鲜事,因为不容易打开心胸,真正明了自己的归属及定位,因此他们只能从自己的情绪和身体、能量的感受上,学到经验的累积,是个有创造力却不定性的类型。

⭐ 数字 8 型的特质

数字 8 型的橘色人天生就是创意源泉。正面的数字 8 型人可以带给人们欢乐及创造力;负面型的数位 8 型人却会带来恐惧和致命的吸引力,但仍是一种创造力的展现。像老鹰一样的目光锐利、善于投机,也很能从经验中整合出事物的道理。像是两个圆圈,8 型人应该要了解到小宇宙和大宇宙的关系,天上和地下从来都是一致的,不能轻忽这一点,在此处轻微的蝴蝶拍打效应，将甚远地影响地球的另一端。两个圈像是两个眼睛，能够洞悉又必须圆满，让人欢悦。将8这个数字横放，就是"无限大"的符号，也象征了因果循环的道理。对渴望权力和成功的8号人来说，诚恳、实在的动机与心念，可能才是成功的关键所在。

★ 橘色的符号

菱形。橘色的幸运符号是直立的菱形，像是钻石的其中一个切面，又像是星光闪烁的主体部分，这犹如一个人内在之星的显现，一个与人内心深刻连接的符号，连接就是找到自己真正的归属感与心灵的停靠港。

★ 橘色人的金钱幸运指数

橘色人的极端状况是很有趣的，他们永远不必担心没有钱，情绪好的时候，若是缺钱，创意展现，心念转一转，自然就有机会来到；情绪不好的时候，好像是背到家了，怎么做都不顺利。虽然说不必担心没钱，但橘色人要想拥有大钱，可还没这么容易，必须要有方法才能心想事成。

夏季是橘色人的季节，虽然是热了点，不过有活力、有胆识，夜归也不用太紧张，因为天色暗得很慢，有很多机会可以与人交往、玩乐。

橘色人如果有信任的朋友，就能够抒发压力和情绪，事半功倍，能快速地拥有清醒的头脑致富。人际关系好的话，可以帮助橘色人完成使命或是达到想要的状况，只可惜橘色人往往也只是靠情绪来决定命运，非常冒险。

夏季之后，秋季可以让橘色人暂时忘记压力，此时找机会去度个假是最好的。在秋天，橘色人会感到心情较为舒缓，好像到了自己的辉煌时刻，因此请记着这样美丽舒畅的感觉，因为橘色人需要这样的记忆，不能老活在歇斯底里的状态之中(虽然他们自己并不这么认为)。橘色人的天真让他们很容易去投资或误信，有时太过固执，也因此容易损失金钱，极需要智慧及多请教他人。

冬天是可以多收集数据及情报的季节，这个时候不适合太大的金钱投资，但是可以投资自我，像是心灵成长或是参加课程培训，建议橘色人不妨找一些陶冶身心的艺术成长课程，这些活动都可以令橘色人的创意再现，重拾信心与灵感。

⭐ 橘色人的健康福气趋势

大小肠的消化系统、甲状腺以及腹部，尤其是女性妇科的部位、情绪上的过度敏感，都是橘色人要注意的健康状况。橘色人有时太过于神经质，常常会感到莫名的压力，别人无心的话到了橘色人的耳中可能都变得特别刺耳，常常有过度的情绪反应，弄得别人丈二金刚摸不着头绪，发脾气后橘色人还可能会有罪恶感产生，情绪更为复杂，周而复始的循环，常令橘色人身心俱疲。以下是几个检视橘色人健康的问题：

1. 是否容易暴躁易怒？情绪容易失控？
2. 常感到压力大，觉得别人充满攻击与挑衅？
3. 大小肠吸收功能差？
4. 女性妇科方面常感到不顺畅？
5. 小腹感到肿涨或是觉得腰部很紧，像一块石头绑着？

有3项以上答案为"是"的橘色人，多半需要正视自情绪出发的健康问题。在一个月之中，满月（农历十五日）时是最不适合做任何决定以及动身体手术的时候，可能连拔牙都需要另外找个日子。这天最好是能深居简出，不要安排过度忙碌的行程，或是可以选择在家休息也不错。

新月（农历初一）开始的7~14天，这半个月之内都很适合橘色人参加公益活动，或是身体的环保，如断食或是任何方式的身体排毒方法。到了下半个月，橘色人可以慢慢地恢复健康饮食法，参访中医或以任何食补的方式来加强身体的抵抗力，这个阶段多运用艺术或音乐疗法，也能够事半功倍，达到身心合一的效果。

⭐ 橘色人的爱情幸福激素

8号橘色人 vs. 1号黄色人

如果两个人都很希望成为爱情海中的霸主，那这世界的战争可能是没完没了的。1号黄色人很希望能主导一切，对于爱情，总是以领导者的姿态来面对；但是8号橘色人是不一样的狠角色，不是那么好掌握的，橘色人也喜欢自己做主，可不会只因为爱情就放弃自主权。当然，也是因为橘色人对爱情和对人都很敏感，一点点风吹草动就会感到很紧张或是产生丰富的联想力，同时橘色人对自己的敏感度很自豪，这可是不容小觑的实力，怎可轻言成为他人的附属品？因此碰上了1号的黄色人，大家应该都是聪明人，也都很了解对方在想什么，于是演出一场谍对谍的爱情游戏，充满了精彩的情节和悬疑性。8号橘色人常以退为进，想要能掌握实权，因此常会先息事宁人，让对方占上风，然后再加以感化教育，让对方跳入自己的爱情圈套之中。

对爱情，橘色人的热情冲动可是胜过黄色人的，对于感官刺激和两人世界中的进一步肢体接触的渴望，黄色人有时可能会忽略，造成橘色人的不满。若是橘色人的需求经常被忽略，那么时日一久，承受不满的压力还是会造成橘色人的情绪反弹。当橘色人发飙时，黄色人可能还弄不清楚到底怎么一回事。建议这样的关系需要多留给彼此一点空间，应当了解每个人都是独一无二的个体，两个人在一起不是让自己变成了无能的"半人"，把痛苦欢笑的责任都丢给对方。若不能学着自己负起对自己的责任，这样的关系无法持久，也会很辛苦。

8号橘色人 vs. 2号蓝色人

8号橘色人喜欢爱情能够甜甜蜜蜜，你侬我侬，两个人加在一起变成一个人，这样的浓情蜜意，2号蓝色人特别能配合。2号蓝色人一直希望能找到爱情的归属感，因此对于爱情关系抱有较高的期待，也希望能有个知心的伴侣相陪，不再感到孤单。8号橘色人的热情与感官上的性吸引力，对2号人来说是很棒的经验，特别是8号橘色人的浓密的爱和掌握一切的爱情进度，初期让2号蓝色人是真的满喜欢的。

橘色人特别努力想要经营好两人的关系，不过有时候动机与企图心太强了，结果似乎有点揠苗助长，弄得爱情的火苗烧得更凶，太过于主控的方式，长期下来会令2号蓝色人感到有压力，想要逃避这样的爱情，不想要这样浓烈的依存关系。似乎是两个半人，或是一个人要撑着另一个人，要全权负责另一半的喜怒哀乐，这样的压力，会令2号蓝色人真的想要逃跑，同时也会对这段爱情关系感到负担过于沉重。

最好的方法是两个人能够一起去学习面对爱情关系，橘色人若感到对方并不配合，常常会歇斯底里地以各种方式达到目的；而蓝色人一旦感觉到对方不如自己的预期，则是变得冷漠不在乎，这样的举动会令橘色人更为抓狂。所以，沟通，一起释放压力，共同讨论两人的内心世界，学习包容与宽容，如果可以这样改变，这样的关系是绝对适合的。

8号橘色人 vs. 3号绿色人

贤内助8号橘色人，能够激励3号绿色人更上层楼，也能指导3号绿色人平步青云。3号绿色人有创意又慈悲柔软的内心，喜欢照顾另一半，虽然偶而占有欲特强，不容许一粒沙子出现，但是，总地来说，还不算是橘色人所讨厌的类型。橘色人喜欢3号人的聪明有创意，态度轻松又能兼顾另一半的感受，这对8号橘色人来说是非常重要的，若不能照顾到感觉，也没有创意，橘色人会感到非常无聊，也会有挫折感。

这样的爱情关系，3号人可是感到很有趣的，也愿意去配合，喜欢照顾人的绿色型人，对于"爱上了"这码子事，是会配合对方做改变的，也因此，只要是橘色人提出的任何要求，绿色人能做到的，都会全力以赴。其实橘色人所不知道的是，绿色人对每个人都会这样努力照顾，这是他们天生的使命感，并非对橘色人特别好；但橘色人可能以为对方只对自己一个人才这样，所以心里倍感甜蜜。因此，当橘色人发现这个事实的时候，可能会略感到失望难过，甚至会有点小脾气。

不过，若是橘色人发现绿色人对自己是如此要命地在乎时，绿色人的占有欲便能够弥补橘色人先前的失落感，因此，完全可以重新感受到橘色人的爱与需求。这样的组合满不错的，3号绿色人是很喜欢发现及创新的类型，因此，对上了不按牌理出牌，有时很小孩子气的橘色人，倒是不错的搭档。

8号橘色人 vs. 4号金黄色人

爱情就像一场合作关系，对8号和4号这两类人来说，共同合作经营的爱情目标必须很清楚明确。4号金黄色人态度务实、思虑周全，希望顾及生活的目标，不会因为爱情就冲昏了头，对于爱情反而有更高的期待，希望能一起创造"钱"途，让两个人能拥有好的生活质量。

8号橘色人虽然明白4号金黄色人的心，不过，有时孩子气、情绪又不够稳定的橘色人，虽然有远大的理念，也同意金黄色人的想法与做法，但颇有创意的8号橘色人，总是想要来点不一样的，不太想落入俗套。8号橘色人很擅于推动金黄色人使他们努力工作，8号橘色人的工作就是督促另一半的进步，这是十分重要的。因此，4号金黄色人为了爱，也为了生活上的稳定与幸福，会很努力地完成使命。

这场爱情关系中最能激动8号人的地方，就是促使他们想要成长——心灵的、身体的、情绪的，任何关于自己内在的进步，都是8号人想要做的。这一点有时会让4号人感到没有安全感，对他们来说，这些都可能是有些危险的。8号人想要冒险，尝试新的方向，但4号人却有点想要停在原来的脚步中，维持现状并且往"钱"迈进。若是4号人能与另一半讨论这个部分，与橘色人一起成长，这样就可能可以避免危机；但若是4号人想要阻止橘色人的发展，这是绝对不可能的，因此，这样不同的观点有可能拉大彼此的距离，可能会危及爱情的进展。

8号橘色人 vs. 5号紫红色人

8号橘色人一心想要有所成长，能够心想事成，遇上了5号的紫红色人，这样的拍档可以充分发挥梦想。紫红色人有时会有点自虐，配上了自虐虐人、情绪上偶尔歇斯底里的8号人，就成了心灵成长二人组。会一起去寻找更多的成长数据，两人分享，一起讨论。

5号紫红色人天生就很会守护他人，所以也容易委屈自己、牺牲自己来成全他人，这样的人遇上了8号的橘色人，组成很适合疗愈的一组关系。爱情关系上两个人都非常渴望能有人可以相互扶持地走下去，这些心灵层面的感受，也只有最亲密的爱人才能理解吧！橘色人希望能在爱情中感受到亲情的温暖，重拾童年的记忆，抚慰内在小孩，让过去那个未长大的、哭泣的孩子重见天日，并且能够充分地发挥天生的本能。

紫红色人也有一样的想法，如亲情般的爱情关系，可以重新找到失落的童年欢笑，紫红色人忠心守护家庭或朋友，对于付出是不会吝啬的。

不过有时心性不稳定，弄不清楚利害关系，连路边的陌生人都可能会照顾，因此，常会惹得橘色人神经紧张，怕紫红色人又做出脱线的事情，尤其在爱情关系中，对别人好意的照顾却让对方误以为紫红色人是有意思的表白，那就惨了。虽然橘色人是这样在乎着紫红色人的表错情事件，不过事实上，橘色人自己也是半斤八两，常常也有同样的事发生，真可谓天生一对宝呢！

8号橘色人 vs. 6号红色人

　　6号红色人是个特别有力量与活力的人，在爱情关系中，红色人永远是一马当先，不落人后的。当遇上了8号橘色人，热情便引爆一发不可收拾。两个人都有冲动的一面，因此很容易燃起爱苗，爱神之火熊熊燃烧着两颗期待已久的心，甜蜜的开始自然不言而喻。橘色人希望另一半能有所表达，红色人也是，而且更喜欢身体力行，以行动表达爱意。橘色人有时候有点腼腆，因为红色人太主动了，刚开始橘色人还有点怕怕的呢！不过经过一段时日的熏陶，橘色人的热情逐渐被点燃，慢慢地会比较放得开，也较为习惯红色人的爱。

　　但是，红色人有时脾气来得快也去得快，对于不顺心的事往往没有耐心忍受，因此，常可能在爆发的当时吓到了橘色人。橘色人的情绪不若外表看起来那么稳定，有时甚至会歇斯底里一点，所以，若是红色人能了解另一半的弱点,在对方怪怪的时候忍让一下,这样子就能相安无事。但若是红色人也在气头上,就难保两人不会上演全武行了。橘色人容易记住不愉快的情绪或暴力情绪的对待,久久不能忘记,因此建议红色人在情绪的抒发上不要太过度任性,以免吓到另一半,造成两个人心理的阴影。

假如两个人都能够以诚相待,一起参加运动健身俱乐部,或是学习游泳等水性活动,将有助于两人爱情的发展与滋长,毕竟爱情也需要更多内心的契合,若是无法在情绪和心灵上沟通,这样的爱情关系可能只能短暂维持;另一方面,两个人若觉得相处上有些无聊,爱情关系就容易生变,最好能多找点可以同时增进感情、使生活不会枯燥的方法,这样可以让爱情更甜蜜喔!

8号橘色人 vs. 7号橄榄绿人

7号橄榄绿人常需要独处并思索生命的本质与意义,这对8号橘色人来说,是非常可以理解与尊重的。虽然7号橄榄绿人聪明有智慧,不过太过严肃看待某些事物,就算有人想靠近他,但经过一段时间可能会求去,不想再一起谈恋爱。若是需要教授,去学校上课就有了,家中不需要放着一位老学究,因此有时略嫌无聊单调的他们,是很难吸引到另一半的。

可是在古怪的8号橘色人眼中，见到橄榄绿人可像是挖对了宝，怎么说呢？这块宝可不是普通的宝，而是可以带动8号人的心灵成长，因此对于一心想要弄清楚、想明白的8号人来说，简直是如鱼得水，快乐得不得了。虽然有时8号人会因为7号人不能陪他们而感到有点不满意，但还不至于很不高兴，8号橘色人可以在这段爱情关系中学着成长以及尊重与接纳，也会学着独处，因此，对8号人来说，这样的关系无疑就是在学习长大。

7号橄榄绿人必须要能注意到8号人的自我改变，为了爱情，8号人愿意成长，因此7号人请一定要适时称赞8号人，以便能产生更进一步的良好关系。这样的方式在别人眼中不可思议，但对于他们却是非常有用的爱情关系。但若能再多一点互相尊重，且7号人不要想太多，没有太多的怀疑，而8号人有情绪问题时也能够以正面的方式去思考，这样的话，两人的感情就能长长久久，浓得化不开了。

8号橘色人 vs. 8号橘色人

两个人都有点依赖，都想找到一个可以依靠的肩膀，因此，这样的关系在一开始就有点黏黏的、慢慢的，有点懒的感觉。双方都是想要掌握些事情的人，这种特质在爱情关系中都可能变成了会指责及交代对方做事的一方。两个人都希望对方主动为自己做点什么，那这样的爱情就可能会在期待、失望的循环当中度过了。若是两个人都能明白爱情是需要肩膀的，双方都必须共同负起责任，一起承担喜怒哀乐，甚至是为自己的情绪负责任，这样的关系才是一个健康的关系。始终想要依靠或是被依靠，是一种主动或被动的控制，玩这样的把戏不仅疲累，也可能会因此在爱情中摔一跤。

橘色人有点情绪上的张力需要去克服，也不容易打开心田，若是能够坦诚地面对爱情关系，打开心房面对另一半，而不要事事隐藏，或是担心对方不满意自己，过多的担心真的常常是橘色人自己想出来的，并不是真的。因此，能够与对方交心，做真正心灵上的沟通，会比只有肉体关系来得更能够长久，也更禁得起考验，同时让双方在爱情关系中都能品尝甜美的果实。

8号橘色人 vs. 9号紫色人

8号橘色人遇上了闷闷的9号紫色人，总是希望能够有点不一样的爱情际遇，毕竟能有个不同凡响的对象，会让爱情变得令人期待。相较于8号橘色人，9号紫色人对于爱情一向宿命，不喜欢过度投入，因为知道只要一投入，就是全面性的、奋不顾身的。紫色人往往无法承受之后的痛，或是爱情所带来事后的伤害。

冲动有热情的橘色人，想要掌握、控制，渴望以爱情感动紫色人，想要去影响、感化，让紫色人能够走出宿命的心态，遨游于开朗的天空，享受爱情的滋润。像个孩子似的橘色人是非常可爱的，他们想尽办法想让紫色人开心一点，可以让对方走出自己的象牙塔，能够真正地做自己，这是橘色人很大的目标，感觉自己有存在的价值，这也是这段爱情吸引橘色人、令橘色人感到想要保有与紫色人继续共同走爱情道路的原因之一。因此，橘色人真的很努力地想要让爱情路走得顺畅些。

紫色人倒是觉得可有可无，倒也不是不在乎，可能就是太在乎爱情了才会如此。紫色人明白爱情的路上有风有雨，自己也已经经历不少爱情的考验，所以对于与橘色人的爱情，紫色人希望如孩子般的橘色人不会被自己伤害，以免爱情忽然消失时，带给橘色人内心无法磨灭的痛。这是一段需要明白爱情真谛的关系，两人若能不苛责对方一定要长长久久，那么这将会是一段刻骨铭心、难忘又开心的爱情。

8号橘色人 vs. 0号靛色人

橘色人总是想要掌握所有的事情，不想让事情超乎自己的预期之外，可是靛色人总是不按牌理出牌，让橘色人很想抓狂，很想改变这样的关系。靛色人则不管那么多，因为靛色人更相信自己的直觉，认为凭着心灵力量可以改变橘色人的心理状态。建议这个爱情关系应该要学习多沟通，不能凡事皆凭直觉行事，有时双方之间的沟通是非常重要的，知道自己的生命活力何在、生命的目标何在，也许两人也需要一起讨论一下金钱和财务的问题，如何可以一起努力经营生命目标。

情绪是双方之间的关卡，有时橘色人不太能够信任另一半，而靛色人又觉得解释太难，也不太容易说明清楚。两人都有着外遇的潜力，也常常有着想要偷腥的念头，不过双方都以为对方才是那个可能会不忠的人，久而久之，也许为了怕受伤害，自己就先提前出轨，以免受到更大的伤害。要知道，不论哪一方先动作，都是输家，因为之后所背负的是罪恶感和愤怒，气自己不够沉着及信任。爱能化解伤害，不过爱是要由自己的内心发出，而不是只要求对方而已。

好运配搭法

对8号橘色人来说，最好的搭配是蓝色与白色。橘色人的个性非常鲜明，一直都逃不掉自己的心，有时甚至感到非常不喜欢或过度敏感地以为别人都在看着自己、不喜欢自己。蓝色与白色的组合可以让橘色人先重拾安全感与恢复平静，以及净化自己、不会过度伤害或厌恶自己，这是非常重要的。第二个好运配搭是运用橘色与白色或是金黄色与白色这些色彩可以帮助橘色人更深地认识自己，承认自己的人格光芒，能够不过度谴责自己，成为一个真正开心的人。

幸运水晶

橙色方解石、虎眼石、琥珀连

连接你的天使之光

橘色人连接归属天使。归属天使能令橘色人放下傲慢，摧毁橘色人所有的自以为是，更新橘色人的幻想及依赖，像是依赖爱情、幻想好处从天上掉下来。归属天使重建橘色人的谦逊及不自我虐待，就像是简单地重拾对食物的喜悦、对爱情的单一与开心、感官上简单的明白与体会。

当橘色人感到特别无力，对自己的无能感到生气或想要突破时，都可以这样向归属天使来祈祷："请带领我走向有家的道路，我想有个心内的家，我想要独立自主，做个真正快乐自在的新生之人，请带领我走向真诚臣服的道路。"

紫 9 号 使命天使

如果你的公元生日数字是9、19、29，那么你的一切都与"紫色"有关，将由"使命天使"来守护着你。

由使命天使守护的 9 号
紫色幸运儿

⭐ 紫色的意义 & 古代神秘学中的意涵

紫色是一种灵性之光，对应了人体的头顶部位，所有关于灵性、内在世界的运作，像是深层的情绪状况以及内在的生命任务、使命感、找到生命蓝图，与联系宇宙的高层讯息有关。紫色连接使命天使，很多灵修人士都偏爱这个色彩或是特别需要这个颜色，因为紫色与淬炼及转化有关，像是最深的变化，代表"转变"的火焰可以烧掉所有负面的过渡状态。紫色也是古代神圣帝王的色彩，象征着"高贵"。

⭐ 紫色的人格特质

紫色人常常带有强烈的个人色彩，是天生的领导者；当然，也尤其具有个人强烈的情绪，有很深的坚持或执著，不易变通，而且还会认为自己是"择善固执"。有时也会有点不切实际，对于自己的内心世界特别敏感；有时觉得世界上的事务太过世俗，很想找一点不一样的事来从事，不甘于平凡与寂寞。

不过，紫色人常常有着不同于一般人的想法及观感，擅长于思考及理解，所以虽然与一般人有着不同的论点，但也因此经常可以创造出惊世骇俗或是惊天动地之事。连接到使命天使的紫色人，可以知道自己为什么对人有所帮助，因此特别具有牺牲奉献的精神，尤其是宗教或是在特别相信的事物之上。

⭐ 数字9型的特质

数字9型是一个内敛的人，有时单纯，有时复杂，常会有高低起伏的情况，常让人感觉似乎捉摸不定。有时心口不一，内外不一致，不过这是因为你有着不同于一般人的想法，所以你不能苟同于他人世俗的观点。有人觉得9号型人高傲、冷漠，不过，当9号型人开口时，他们的意见却又往往很受到重视，因为有其特殊的观点与价值。爱做梦也爱思考，因此，9号型人常常需要知识与感性同时平衡，以免迷失了方向。

⭐ 紫色的符号

倒梯形，是9号紫色人的象征符号，可以令紫色人感到完整，增加情绪流畅力，并且能提升紫色人的自爱与自重感。

⭐ 紫色人的金钱幸运指数

紫色是属于冬天的，因此在冬天时，紫色人特别能发挥专长和灵感，并信任直觉力。对紫色人来说，赚钱是因为有其必要性，虽然不是最在乎钱，但没有钱也是万万不可的，因此紫色人会全力以赴地赚得大把钞票，再花掉大把钞票，像是投资自己心灵上的成长，或是花在该花的地方，如奉献给教会、信仰团体，又或是捐给慈善单位。总之，紫色人在自己过得好之后，还有些社会关怀的想法，对钱的运用是希望能惠及自己及他人的。

因此，一年四季中，紫色人最好发挥的机会便是冬季。冬天令他们清醒而有效率，不过若是身体不好或老是不切实际的紫色人，就需要特别加强自己的红色能量，以便增长金钱的能量。春天和夏天是储备实力的时候，此时紫色人切记不能过于冲动，最好能多请教专业人士，专家们的建议不能不听；秋天是进场或是增加投资或转换工作职场的好时机，可以一举成功，但不可拖泥带水；到了冬天，是准备得到收获的时候，因此特别需要有开朗的心情迎接好的金钱财运。

⭐ 紫色人的健康福气趋势

紫色人常会想得很多，因此，如何让头部的能量不要过度地运转，以免成了长期的头痛一族或失眠一族，这是紫色人最重要的功课。同时紫色人也常常因为过多的忧思，让自己聪明反被聪明误，有时多了解自己的生命使命，了解自己的个性，却不带执著地明白以及接受，就不会庸人自扰，没事生一堆事端。紫色人可以借由以下的问题评估健康状况：

1. 睡眠质量如何？是否经常感到失眠或梦境过多？
2. 常头痛吗？肩颈是否容易扭伤或是循环不佳？
3. 有时有幻象或梦境，但清醒时却又自我怀疑？
4. 有头皮屑或掉发过多的困扰？
5. 家族中有人得过阿兹海默症或发生精神上的问题？
6. 感到自己长期忧郁，无法开朗起来？

一个月之中，新月开始的前后7天内，对紫色人来说是最好的调整时刻，在这个阶段紫色人可能会感到食欲不同于以往，如果忽然想吃很多食物，那么建议紫色人在此时应少量多餐，并且以蔬果为点心。若是此时紫色人感到忽然食不下咽，那么建议紫色人多运动，并且多关照自己的呼吸，随时告诉自己"我还活着"、"我是幸运的"。满月时期，紫色人最好不要动手术或是做重大的决定，以免失血过多或是情绪影响了身体本有的健康。紫色人比其他类型的人都还需要断食或清淡饮食疗法，不仅排身体的毒，也需要排除心灵与情绪的毒素。

⭐ 紫色人的爱情幸福激素

9号紫色人 vs. 1号黄色人

1号黄色人重实际，拥有远大的理想与想要一统江湖的决心，而9

号紫色人同样也有远大的目标，不过，理想及思索的层面居多。因此，对于爱情，紫色人的爱常常是可以深沉或是充满幻想的，紫色人很希望建立自己心中最美的童话世界；而1号黄色人很容易也很清楚9号人的个性，因此，凭借着甜言蜜语的天生本性，1号黄色人可以轻而易举地令9号紫色人感到满意、喜悦，并且愿意全心托付给对方。

不过，要不了多久，聪明的9号人其实开始明白，1号黄色人的舌粲莲花，令他感到自己很像活在神话之中，但是却不能长久。感到被欺骗的紫色人，容易由爱生恨，仿若置身地狱般地感到失望。黄色人请勿太过轻忽这段感情，因为这段感情能让黄色人学会如何成为一个真正有担当的人。黄色人需要快乐，因此，两人初期的关系是开心的，但若是一直坚持自己的价值观，那么，后期的关系可能会辛苦许多。

这段关系如果不要彼此太过坚持自己的状态，能够以有弹性、不执著的观念来经营两人的感情，那么，这段感情还不会是太糟的关系，因为双方都可以由对方处学到优点，而不是只见到对方的缺点。这是一段有挑战的关系，因为你们彼此挑战的是彼此执著的底线，请记得，有爱就能共渡难关。

9号紫色人 vs. 2号蓝色人

9号紫色人对爱情的憧憬是很强烈的，遇上了一样对爱情有憧憬和信心的2号蓝色人，两个人一拍即合，如鱼得水。9号紫色人渴望建立一个没有失望的爱情国度，2号蓝色人也是一样，若不是深深相遇，这两种人并不会一头栽进去，尤其是2号蓝色人，没有远大的目标与理想，是不能掉进爱情之中的。

然而，当蓝色人遇到9号紫色人，却为紫色人的奉献与真诚所感动。紫色人的执著深深感动着蓝色人，让他们感受到无比的支持与温暖，所以蓝色人愿意在自己的生命蓝图中，接纳这个可以共同走下去的另一半，同时共同创造生命的远景。对紫色人来说，一起创造是何等美好的状态呢！这也是紫色人所期待的呀，这样的爱情关系仍是建立在一个互相心有灵犀的基础之上，两个人对于生命的目的与方向都有着共同的悸动与追寻，因此，2号蓝色人的目标与爱心，可以深深滋养紫色人的身、心、灵。

不过，两个人都可能有着太不切实际的生命态度，有时紫色人太过情绪化，会令蓝色人想要逃走，但是，深深的缘分紧紧地牵系着两人，要想逃跑也不是那么简单的，紫色人特别吸引人的个性和慧黠，是使蓝色人最深爱且不能自拔的魅力。

9号紫色人 vs. 3号绿色人

9号紫色人遇到了3号的绿色人，绿色人的善良与积极、乐于助人，是一开始吸引紫色人的关键。紫色人有着崇高的生命目标，因此在爱情的路上，本来对恋情不甚看好的紫色人，很惊讶能遇到与自己一样乐于助人的 3 号绿色人。因此，在这样的爱情关系上，是非常好的一段相遇。两个人能够目标一致地面对外在，一起有着共同助人的心，然后又一起有着营造爱情的准备，这样的爱情走来，即使有困难也不难度过的。

绿色人有时与紫色人一样，照顾过了头，于是两个人都期待对方能够给出多一点的爱，这样就会造成关系上的紧张与不安。当两个人都感到匮乏时，可能会希望对方能多给予一点，这个时候两人不妨以"心"的感受一起度过，最好能学着一退一进——当一个人感到压力大时，另一方就必须慢慢地接纳或是晚点再发泄。切记千万不要每次总是绿色人在做心灵辅导的工作，而当绿色人需要独处时，紫色人也要能给予支持或尊重彼此的需要。这样的爱情才能够长久，两人的甜蜜关系才可以维系下去。

9 号紫色人 vs. 4 号金黄色人

充满智慧的 4 号金黄色人遇到了充满哲理的 9 号紫色人，这理性与感性的搭配，就成了有趣的爱情关系。这是一个充满智力与激情的关系，务实的金黄色人不是轻易掉进爱情关系之中的类型，任何事情都需要有着一定的目标及方向感；但紫色人不是这样的，充满了崇高理想的紫色人，并非不务实，只是更希望能确认大目标，在有爱的状态下努力。

也就是，一个重视结果，一个重视过程。

对于金黄色人重视结果的态度，紫色人有时会感到很失望或是不安；而在金黄色人看来，对于紫色人只重视过程中的浪漫，更是感到不满，两个人有时便会因此有口角。两条平行线本来就不会相逢，除非一方变形，愿意改变。当彼此都被对方拥有自己所没有的特色与才华所吸引，都很想共同走这段爱情路，这就是两人之间的魅力与吸引力。

这段爱情关系可以由紫色人来改善，紫色人有着神秘的特质以及救世的情操，因此，只要不是落入自己的忧郁圈套之中，紫色人都能表现出超乎常态的水平，可以渡化不开化的金黄色人。不过，当紫色人陷入惯性的低潮时，金黄色人有时并不清楚如何哄紫色人，低潮再久一点，就是两人分手之日了。

9号紫色人 vs. 5号紫红色人

5号紫红色人与9号紫色人的邂逅，属于一见钟情的成分居多。紫红色人震慑于紫色人的空灵与理想，这会燃起紫红色人想要追随的念头，并且想要与紫色人在一起。紫红色人有着世俗生存的压力与警觉，所以见到紫色人时，初期会感到非常的轻松与释放，似乎可以不必担忧世间的事情，只要有爱情与感受，一切的不安似乎都能化解。紫红色人擅长在没有压力及忧虑的状况下帮助他人，尽管有压力，紫红色人仍然可以协助他人，因为和谐与顾全大局是非常重要的。

这段爱情关系对两个人的共同影响，就是如何在顾全大局的情况下，互相支持与恩爱。紫红色人总是默默地付出，默默地在背后支持紫色人的理念，而紫色人也十分感谢紫红色人的诚心对待。紫色人若是艺术家，紫红色人就是那个努力工作赚钱来供养紫色人的另一半。这样的关系虽然有时清苦，不过也不是完全没有乐趣的。紫色人若能一心一意地发挥所长，将能在自己的领域中一展长才，而紫红色人若能适当地调整自己的情绪，便可以带来甜蜜与长久的爱情。

9号紫色人 vs. 6号红色人

热情的6号红色人，遇到了慢郎中的紫色人，一快一慢，还真不搭调。红色人喜欢快速的爱情，火花一爆发就不可收拾，是快热快动型的人；而紫色人则是慢热型，不过爱火一经燃起，紫色人可会让它一直熊熊地燃烧下去。当红色人快要断了热情时，紫色人才开始热了起来，有时两个人的时间搭配并不理想，可是，总是有一些吸引力，双方才会这样走进爱情的关系。红色人欣赏紫色人的内敛与精致，紫色人则喜欢见到一个热情洋溢、有行动力、热爱生命的红色人。因此，当双方对于这段爱情关系，即使不强求也不特别地掌控，也总是会自然走到一定的流动之中。

9号紫色人丰富的想象力及理念，会引导红色人找到热情的出口，红色人的方向需要有所指引，紫色人的理念也需要红色人的信赖与执行。这对组合若能通过内心最深的互信，则可以创造爱情与生命热情更多的激发，很多的理想也可以一起实现。这段爱情关系也可以让他们成为很好的事业伙伴，只要是他们看准了的事业，通过良好的互动与彼此个性上的了解与互补，便能创造事业上的高峰。

9号紫色人 vs. 7号橄榄绿人

9号紫色人遇到7号橄榄绿色人，就像是一场无止尽的治疗。7号橄榄绿人天生善于倾听，令9号的紫色人感到特别受到尊重并被吸引。不过，紫色人和橄榄绿人有时把这场爱情弄得像是一场场的治疗，一个是喜欢治疗他人的7号型人，另一个是永远想被治疗与了解的9号型人，所以这其实是个不错的组合。这样的关系，初期像是互相吐苦水大赛，两人忙着倒出许久未解决的问题与情绪，不停地哭、笑、苦、痛，许多的情绪都在这场爱情关系中被激荡出来，所以，这也是一段很值得的爱情关系，两个人可以将过往的问题一股脑儿地清理掉。

7号橄榄绿人不是没有自己的问题，只是遇到了更需要发泄的紫色人，因此7号人会先接收紫色人当做个案，让紫色人的闷与怨全数倾吐出来；而此时紫色人会心生感谢。不过紫色人若是一旦复原，忘了伤痛，恢复原有的执著与傲慢，那么紫色人就会体会到前所未有的再次跌倒的痛苦。紫色人必须学会教训，许多的执著造成了今日的痛苦，若是能体贴橄榄绿人的支持，这段关系自然便能增长，若是紫色人看不惯橄榄绿人的个性特质，不能将其缺点当做优点，那么这段关系将会出现缺口。要记得，没有什么关系是完美无缺的。

9号紫色人 vs. 8号橘色人

8号橘色人遇上了闷闷的9号紫色人，总是希望能够有点不一样的爱情际遇，毕竟能有个不同凡响的对象，会让爱情变得令人期待。相较于8号橘色人，9号紫色人对于爱情一向宿命，不喜欢过度投入，因为知道只要一投入，就是全面性的、奋不顾身的。紫色人往往无法承受之后的痛，或是爱情所带来事后的伤害。

冲动有热情的橘色人，想要掌握、控制，渴望以爱情感动紫色人，想要去影响、感化，让紫色人能够走出宿命的心态，遨游于开朗的天空，享受爱情的滋润。像个孩子似的橘色人是非常可爱的，他们想尽办法想让紫色人开心一点，可以让对方走出自己的象牙塔，能够真正地做自己，这是橘色人很大的目标，感觉自己有存在的价值，这也是这段爱情吸引橘色人，令橘色人感到想要保有与紫色人继续共同走爱情道路的原因之一。因此，橘色人真的很努力地想要让爱情路走得顺畅些。

紫色人倒是觉得可有可无，倒也不是不在乎，可能就是太在乎爱情了才会如此。紫色人明白爱情的路上有风有雨，自己也已经经历不少爱情的考验，所以对于与橘色人的爱情，紫色人希望如孩子般的橘色人不会被自己伤害，以免爱情忽然消失时，带给橘色人内心无法磨灭的痛。这是一段需要明白爱情真谛的关系，两人若能不苛责对方一定要长长久久，那么这将会是一段刻骨铭心、难忘又开心的爱情。

9号紫色人 vs. 9号紫色人

两个人都渴望一段不平凡的关系，因而对于这段爱情都有着不一样的期待，也希望能激发出不同凡响的爱情火花。9号紫色人有着自己的想法，并不是别人能够说得动的，遇到了同样有个性的紫色人，考验就会出现——究竟谁应该配合谁呢？需要搭档的时候，需要对方给出爱，需要另一半的呵护时，到底是谁该给谁安慰呢？

建议在这段爱情关系中，双方最好能建立互相协助的关系，共同解决彼此或自己个性上的问题。要知道，两个奇怪的人会相遇，自然是有其因果存在的。你们的浪漫可以令这段爱情的感动久久存在心中，不过生活中毕竟不是只有爱情的浪漫，当你们遇到困难时，要怎么共同度过？这就是很重要的关卡了。

理想和现实是可以兼顾的，就看你们共同的信念何在，两个人若是目标一致，那就没有问题；但若是两个人都只想成为主角，只想拥有自己的天空或是灿烂的爱情，那么这段爱情就很辛苦啰！两个人不妨好好谈谈共同的目标何在吧。

9号紫色人 vs. 0号靛色人

紫色人与靛色人交往，总希望对方能说真话，见不得他人说谎，在这段爱情关系中，紫色人不太有安全感，经常感到不安；但靛色人是很热情的，他非常努力地经营这段爱情关系，希望能让紫色人感到安心，感受到前所未有的幸福感，这是靛色人努力的方向。

紫色人过去曾受过很深的伤害或是恐惧，所以内心渴望不要再受骗上当，潜意识中充满了恐惧与不信任。建议紫色人想想自己生存的价值与意义，想想自己为什么需要爱情，爱情不是谈来互相折磨的，爱情是让两个人都感受到幸福与美好，因此，不妨放下所有的心防，用心看看眼前的这个人是不是自己真心爱的，如果是，那就诚心、毫无保留地接纳；如果不爱了，那也要说明白，不要浪费彼此的时间，两人好聚好散是很重要的。

请记得，"开心"是你们关系中最重要的事，不要让恐惧或怀疑淹没了两人的爱情。另外，还要设法重拾你们的热情，因为两人都是属于闷锅型，必须把火加大，让爱烧得更炽热，甚至有时大吵一架也不是坏事，大火可以烧掉你们之间的问题，没有火焰炙烧会让你们感到无聊，热情也会因此退烧。不过吵完架后不宜将不快继续留在心底，事后也不该旧事重提，这是要维系两人之间的爱情很重要的关键和默契喔。

好运配搭法

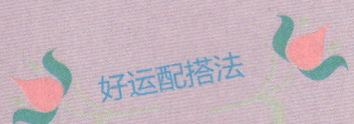

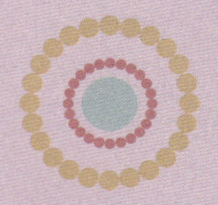

对紫色人来说,淡紫色是最能呈现个人特质的色彩。不过,若是个性已陷入忧郁或经常容易沮丧的紫色人,就不适合太多浓烈的紫色,顶多可以掺杂淡紫色。最好的配搭是以鹅黄色来搭配淡蓝色,或是淡粉红色配上淡紫色。前者可以令紫色人将生命目标与讯息带入生活幸运能量之中;后者则能令紫色人爱情顺利、人际顺遂。

若是紫色人特别想要运用黑色,切记要能搭配明亮的首饰,像是在胸前配戴钻石项链或是白水晶,这些白色都可以令紫色人依然保有想要隐藏的事,但又不会被蒙运围绕;其次,缺乏动力的紫色人可以运用红宝石或红色系列的水晶矿石腰链,或是下半身搭配红色系的裙子或裤子(内裤亦可),将有助于紫色人找回失去的活力,不会被深沉的黑暗所吞噬。

幸运水晶

紫水晶、殊俱徕石

连接你的天使之光

紫色连接的是"使命天使"。使命天使特别能引导紫色人走向属于自己最宁静的道路，并且在实践生命的过程中明白自己的蓝图以及如何能创造丰硕的生命之路。

紫色人可以这样向使命天使祈祷："我走向我的光明，我臣服，我付出，也获得，请引导我，让我走向生命的使命与光明，突破黑暗，走进生命本质的本自天性。"

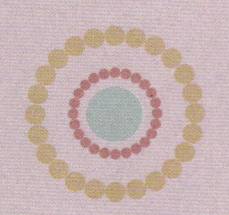

靛 0 号 讯息天使

> 如果你的公元生日数字是10、20、30，那么你的一切都与"靛色"有关，将由"讯息天使"来守护着你。

由讯息天使守护的 0 号
靛色幸运儿

⭐ 靛色的意义 & 古代神秘学中的意涵

靛色是最能代表神秘学的色彩。自古至今，靛色都代表着深不可测的那个层面，奥秘、神秘、代表高层心灵力量的显现，女性神秘的特质、新月、第三眼，也是感官(眼、耳、鼻、舌、身、意)启动最高层次的运用色彩。女性神秘的直觉力以及灵感，也象征了靛色所代表的特色：细致、灵气、典雅又不失魅力。因此靛色也是埃及夜之女神的代表色彩，许多的女巫或是灵媒均喜欢以靛色代表他们的灵性特质；古代凡是代表巫术、神秘色彩能量时，均会用靛色来表达其神秘性及深不可测。

⭐ 靛色的人格特质

靛色人喜欢神秘，也许他们并未意识到，但事实上，总是有种神秘的面纱在他们的脸上。对靛色人来说，将不清楚的事情弄清楚是非常重要的，尽管也会有福至心灵的灵光乍泄，但若要靛色人就此相信，那就不称作靛色人了。靛色人喜欢弄清楚，从小他们就有种遇到困难就能解决的能力，凡是不易解决的事，有了靛色人绝对没问题，因此靛色人从小就有一种使命感与责任感，认为"虽千万人吾往矣"。只要确认了使命感与方向，靛色人总是会积极地努力往前，许多的领袖之所以成为领导者，也是有此责任感，勇往直前。

⭐ 数字0型的特质

0是一个有趣的数字，像是一个圆圈，无限、无形；像是一种圆满、平衡；像是一个充满童心的孩子一般，愚人，却是大智若愚。0，像是一种空灵的状态，像是神来之笔，蕴含所有的一切，也是源头。数字0型人，常常不能明白自己本身即具有所有的答案，所以经常往外找答案。丰富的数字0型人，总是像个宝藏般，内在丰富得连自己都不能明白。靛色0号型人唯有找回自身的天使特质，或是所谓的天生佛性，一股真诚朴实的内在本质，没有两极、只有自观的宁静，当那个时候，0型人就是如此自在地成为自己，只是单纯的天人合一。

⭐ 靛色的符号

椭圆形，是0号靛色人的象征符号，这是一个身心和谐、能量完整气场的完美蛋型图像。一个平衡与完整的人，就是靛色人想要呈现的心灵状态。

⭐ 靛色人的金钱幸运指数

靛色人的金钱幸运指数有赖他们内心的宁静与否。靛色人从来不在乎金钱，因为需要钱时，他们总是可以得到财库；不过，能这么顺遂，主要还是与他们深知自己内在的出发点及动机有关。如果靛色人不会过度自私或只以自身的利益为主，则他们的金钱运势是不会太差的。

靛色人的财运状况，一年之中以秋冬最佳，春夏都可以小投资，因为靛色人是非常不适合凭借自己的灵感来进行投资理财的，他们适合脚踏实地。若需要投资或是自己当老板，必须要能确认所从事的工作是非常有益大众的，因为靛色人非常需要明白更深的因果道理，每一次的动念或是言语行为，都必须是不能伤害他人的情况，这样的灵感再加上理性的规划，才能让靛色人得到上天的相助，赢得财运的祝福。

★ 靛色人的健康福气趋势

靛色人的健康常随着天气、居住地的地理条件或是居家环境的磁场而变化，是最容易受环境影响的类型。靛色人最常见的就是灵魂病，像是收惊未果，过去的惊吓事没有处理妥当，又或是精神方面的状况，像是心的习气始终紧紧抓住某些问题而不能放下，因此所能引发的健康问题颇为广泛。以下是几个评估靛色人健康的指标：

1. 女性胸部出现不明肿块或气结块？
2. 身上容易出现莫名其妙的淤青？

3. 经常背痛，或是眼睛、气管容易感染疾病？
4. 三不五时易感到晕眩或头痛、失眠？
5. 全身容易发热或是患有花粉热症状？
6. 生理痛或是感染生殖器官附近的泡疹？

　　靛色人的健康状况涵盖了强烈的心理及精神层面的影响，因此对靛色人来说，身、心、灵的排毒是不能偷懒的功课。若是饮食不正确，靛色人会马上进入厕所排泻一番，若是心灵情绪忘了排毒，靛色人也会立刻感受到忧郁或是不快乐。敏感的靛色人必须紧紧观照自己每个想法及行为，才能快乐健康地活着。

　　在每个月的健康调理中，下弦月时是最适合靛色人的排毒期。有时靛色人需要独处，需要静思，也需要与自己对话，不必独居或自闭太久，只需要在特定排毒的日子里闭关，为自己清理不必要的负担，让身心都能安适及轻松起来即可。在满月的时候，是靛色人心灵上最空虚之际，建议这时可以故意安排多一点工作，又或是去做个心灵沉淀。此时不适合独处，建议最好有人带领共修或是团体进行的活动较佳。靛色人对"情"常常放不下，所以需要学习放下愤怒及恐惧，让自己活出生命的热情。

⭐ 靛色人的爱情幸福激素

0 号靛色人 vs. 1 号黄色人

这个组合象征了黄色人的快乐可以带给靛色人光芒，常将新的讯息带给靛色人，让对方感到有趣及温暖。黄色人阳光般的信念及勇气，可以鼓励靛色人勇往直前，这样的爱情关系是非常好的，靛色人有着清楚而敏锐的直觉与感受力，黄色人也经常会感到崇拜及欣赏，因此，在爱情中会是不错的搭配。

同时因为靛色人有着变色龙的特质，接近哪种颜色就会变成哪种颜色，所以，黄色人的躁动不安，也会影响到靛色人的频率。靛色人的冷静与沉着，是黄色人所没有的，虽然有时可能过于阴沉，不过，依然是黄色人的头号偶像，丝毫未受靛色人人格特质的影响。

黄色人有时是很单纯的，在爱情上，虽然想成为一个领导者，并且成为注目的焦点，不过，一遇到靛色人，总是有着不一样的感受及悸动。这段爱情关系中两人若有着相同的宗教信仰，可能更能持久，因为在更大的力量之下，两个人都会臣服且继续努力认真地生活，这样的爱情关系可以化解黄色人的不安或短视，也能影响靛色人不会太过于唱高调，免得找不到对象。

0号靛色人 vs. 2号蓝色人

0号靛色人遇上2号的蓝色人,初期靛色人是感到不太能适应的。蓝色人特有的固执与坚持,有时不近人情的坚持或情绪化,让靛色人百思不解。不过一旦明白蓝色人的心态,其生命观点及对事情的看法,就不难知道为什么蓝色人有莫名其妙的坚持,这让蓝色人自己拼得很辛苦。在爱情关系中,靛色人一直想要解决这个部分,让另一半好过些。时日一久,有段时期靛色人是被同化的,不要忘了特别有潜能的靛色人,是近朱者赤、近墨者黑的,因此,靛色人仿佛被另一半掀起了强烈的蓝色坚持,所以也变得一样固执了起来。

蓝色人希望靛色人能看到他们的努力,并且希望得到称赞,不过靛色人就是不肯说,蓝色人感到失望又失去信任感,怀疑与不安在两人之间展开。蓝色人看不到靛色人的直觉,除了羡慕外,也心生妒嫉,希望自己能如同靛色人一样,于是爱情关系像是一场谍对谍,如果靛色人此时能明白蓝色人的心态,以爱和慈悲来化解蓝色人的心理失衡,就能引导蓝色人走向心灵平静的大道,此时两人的爱情关系才会从竞争转向深情的爱。

0 号靛色人 vs. 3 号绿色人

　　3 号绿色人并不想见到阴阳怪气的靛色人，不过因为整个状况实在是太神秘了——靛色人常出现在正确的时间与正确的地点，还对 3 号人做正确的事，让 3 号绿色人感到非常好奇。慈悲天使常会指引 3 号绿色人走向"以爱转化"的道路，因此，靛色人正是他们的目标之一。在绿色人眼中，靛色人像是个青少年一样，可爱却不成熟，这正是绿色人想要疼爱及使他们转变的原因之一。

　　靛色人有时会觉得绿色人很老套，老是像个老妈子一样在背后跟着念着，不过，久而久之，又觉得没有这个烦人的力量也很不习惯，有个人管着也不是坏事。这段关系就看彼此的共生共存状态，管多了，渴望自由的靛色人会想要落跑。不过，话说回来，没信心的靛色人是走不掉的，因此，建议绿色人不妨欲擒故纵，不要管得太紧。要记着，在你们彼此的心中存在着一条线，若是线断了，也就是关系结束、该往下一段走的时候，因此逼得太紧让那条线变得紧张，是没有必要的。

　　靛色人也很有意思，喜欢与绿色人玩游戏，也就是说，靛色人其实有时候很喜欢绿色人的黏与缠，甚至是紧迫盯人，这让靛色人有被爱的感觉；不过，这种黏只适用于绿色人对靛色人，若是靛色人如法炮制，那么绿色人就会逃之夭夭，不见踪影啰！

0 号靛色人 vs. 4 号金黄色人

金黄色人初见到靛色人，觉得对方可是金光闪闪的，而靛色人初见到金黄色人也是一样。靛色人有灵气，足以让金黄色人惊为天人，并且想要紧紧跟随着靛色人，看能走多远就多远；而靛色人则是喜欢见到有智慧的人出现，一颗孤寂的心才能被了解，不再觉得一个人尽是孤单寂寞。

靛色人相信内心的直觉，不过在相信之前，靛色人可是非常善于运用理性思维的，正因如此，金黄色人的恐惧及天赋正好都是靛色人能够理解与明白的，因此，这段爱情关系会是有趣的智慧充电。两个人相遇，主要还是为了解决彼此心灵的恐惧与不安，希望能在互相扶持下走到生命的尽头。金黄色人清楚务实的概念及做法，令靛色人心有所属，也愿意放下天马行空的不安，落实生命的脚步，追随着金黄色人所建立的家，一起重建爱的园地。

这一切似乎都很不错，不过，当金黄色人感到困惑时，靛色人必须要有耐心及雅量接纳另一半的不足，不要太快感到失望或是想要离开；而金黄色人虽然会偶尔想要来点外遇，不过一颗心依然是牵系在爱人的身上，靛色人必须培养出自信心，才能在爱情路上走得顺遂。

0号靛色人 vs. 5号紫红色人

　　紫红色人的牺牲奉献，是会令靛色人动容的。初期靛色人会被紫红色人暖暖的热情所包围及吸引，不过，靛色人并不会觉得这种致命的吸引力是强烈的，等到紫红色人开始行动，以出奇制胜的方式来发动攻势时，靛色人才会感受到。只不过，靛色人在爱情中常是幻想居多，经常有着不切实际的想象力，因此就算紫红色人对每个人都一样地好，但靛色人总是觉得可能对方对自己是不一样的吧！这时靛色人会反被动为主动，反而积极了起来，主动去关怀紫红色人。

　　对紫红色人来说，爱大家并不难，但是被一个人爱，有时可能需要点时间来调适，毕竟热爱自由惯了，在需要众人的时候有人在身边，这样紫红色人就会感到很开心了。不过，要是有个人天天守在身边，虽然感觉很好，却又觉得需要保有自己的空间及时间。这段爱情关系在靛色人的努力下可以进行一段时间，但是，是否能长久下去，要看紫红色人的心是否留在世间。有时紫红色人会比靛色人还想要自由，还想逃跑，靛色人终于棋逢敌手，谁输谁赢很难说。不过这段关系要带给两个人的功课是什么？两个人不妨想一想，才不会到头来只是空留悔恨，那就失去爱情的本质与体会了。

0号靛色人 vs. 6号红色人

　　红色人的热情总是吸引着每一型人，连外表冷冷的靛色人都深深地被吸引。不过靛色人很害怕红色人，感觉非常没有安全感，红色人像是可以瞬间把靛色人剥个精光，让他们赤裸裸地面对外界，这点让靛色人感到害怕与不安，所以总是敬而远之。红色人的冲动与积极，看到总是落跑的猎物，哪能轻易放过，尤其是充满魅力的靛色人，连不说话也都散发着吸引力以及让人怜爱的忧郁，是红色人很想要尝试的不同口味。

　　碰到红色人猛烈的追求，靛色人就是落跑得比谁都快。靛色人喜欢红色人的开放与明确，不过这段关系中最难以突破的，还是肢体上的接触，靛色人虽然非常渴望有进一步的接触，但是并不希望太快、太草率。建议红色人不要过于猴急，该你的跑不掉，不该你的强求也没有用，太急躁反而会有反效果，不妨小火慢炖，让肉煮熟一点，凡事不要太过于心急，用心去倾听对方的需求及恐惧。

　　靛色人不是不接受红色人，只是需要被了解，需要时间，不能太乱太快，这会让靛色人无法承受，心脏病发作。建议靛色人好好找机会与红色人沟通，因为靛色人是非常需要红色力量的，所有生命中的精彩才能落实成为真实，只是远远地观望，是不会有任何结果的。唯有跳进去才能明白个中滋味，所以，爱情无所损伤，也没有人能伤害得了自己，只有自己惊吓自己，那才会吓死人。谈不拢的爱情，顶多就是好聚好散，分手罢了，不要太在意得失与成败啦！

0号靛色人 vs. 7号橄榄绿人

橄榄绿人喜欢靛色人的清爽、幽雅以及神秘感；靛色人则喜欢倾听橄榄绿人吐苦水及聊心事，这一反橄榄绿人与其他人的角色关系。只有走到靛色人面前，橄榄绿人才能没有担心、轻松地告解，坦白赤裸裸地剖析自己。因此，这是一组不错的搭档，在爱情的旅程中，两个人会因而相知相惜，因为只有对方最了解自己。不过，这样的组合很容易变成互相依赖，愈来愈多的苦水被吐出来，却没有人能收拾。

因此要明白两人的爱情到底是怎样的缘分，应该是要共同成长，而不是只是互相依赖，应该要互相调整对方的执著，让苦水愈来愈少，心灵愈来愈澄澈宁静，这样一来爱情关系就能激发出更大的火花，你们的关系也会愈来愈甜蜜及紧紧相依；但若是不能由痛苦或不愉快的过去中走出来，爱情将会面临更大的挑战。毕竟两个人在一起时曾有战地情谊，以及为两人带来所需要的快乐和活力，因此靛色人必须要很清楚地接收到爱情的讯息正是要两人相爱，因为爱而有了生命的动力及活力，也因为爱，两个人才能无所畏惧、勇往直前，携手共创未来。

0号靛色人 vs. 8号橘色人

橘色人总是想要掌握所有的事情，不想让事情超乎自己的预期之外，可是靛色人总是不按牌理出牌，让橘色人很想抓狂，很想改变这样的关系。靛色人则不管那么多，因为靛色人更相信自己的直觉，认为凭着心灵力量可以改变橘色人的心理状态。建议这个爱情关系应该要学习多沟通，不能凡事皆凭直觉行事，有时双方之间的沟通是非常重要的，知道自己的生命活力何在、生命的目标何在，也许两人也需要一起讨论一下金钱和财务的问题，如何可以一起努力经营生命目标。

情绪是双方之间的关卡，有时橘色人不太能够信任另一半，而靛色人又觉得解释太难，也不太容易说明清楚。两人都有着外遇的潜能，也常常有着想要偷腥的念头，不过双方都以为对方才是那个可能会不忠的人，久而久之，也许为了怕受伤害，自己就先提前出轨，以免受到更大的伤害。要知道，不论哪一方先动作，都是输家，因为之后所背负的是罪恶感和愤怒，气自己不够沉着及信任。爱能化解伤害，不过爱是要由自己的内心发出，而不是只要求对方而已。

0号靛色人 vs. 9号紫色人

紫色人与靛色人交往，总希望对方能说真话，见不得他人说谎，在这段爱情关系中，紫色人不太有安全感，经常感到不安；但靛色人是很热情的，他非常努力地经营这段爱情关系，希望能让紫色人感到安心，感受到前所未有的幸福感，这是靛色人努力的方向。

紫色人过去曾受过很深的伤害或是恐惧，所以内心渴望不要再受骗上当，潜意识中充满了恐惧与不信任。建议紫色人想想自己生存的价值与意义，想想自己为什么需要爱情，爱情不是谈来互相折磨的，爱情是让两个人都感受到幸福与美好，因此不妨放下所有的心防，用心看看眼前的这个人是不是自己真心爱的，如果是，那就诚心、毫无保留地接纳；如果不爱了，那也要说明白，不要浪费彼此的时间，两人好聚好散是很重要的。

请记得，"开心"是你们关系中最重要的事，不要让恐惧或怀疑淹没了两人的爱情。另外，还要设法重拾你们的热情，因为两人都是属于闷锅型，必须把火加大，让爱烧得更炽热，甚至有时大吵一架也不是坏事，大火可以烧掉你们之间的问题，没有火焰炙烧会让你们感到无聊，热情也会因此退烧。不过吵完架后不宜将不快继续留在心底，事后也不该旧事重提，这是要维系两人之间的爱情很重要的关键和默契喔。

0号靛色人 vs. 0号靛色人

靛色人相信的是缘分，因此，当命运之手引导靛色人相遇时，两个靛色人之间的情缘是非常浓的，在外人看来，有时近乎迷信。不过，双方当事人却始终深信不疑，认为对方正是自己的灵魂伴侣，必须好好携手相爱。这段爱情关系是值得鼓励的，两个人相遇不难，相处却很难，但是对靛色人来说，一旦订下目标及方向，总是会全力以赴。心中的理想是需要行动来实现的，对靛色人来说，有目标的热情是生命的活力来源，因此下班后的爱情相约，更是一天动力的来源。

　　两个人的爱情需要更多的温情与关怀，细心更是不能缺少的，就像是培育一棵植物，必须仔细浇水，慢慢施肥，用心灌溉之余，还可能需要能够给予美与善的音乐或是心灵的关怀，这样的爱情也是靛色人所信仰的爱情关系，对于这种感情，建议靛色人以音乐来陶冶两人的心。同时，爱情中也需要更多的落实与信心，更必须每时每刻让自己成为一个宁静与愿意倾听的人，两个人一退一进，就像打太极拳一样。靛色人感应极强，对于所爱的人有着强烈的感受力，因此两人也可能不必用言语就能明白彼此，是对完美的组合。

好运配搭法

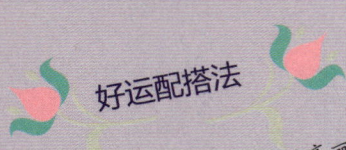

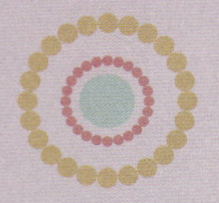

粉色人最适合的是亮丽的粉色服装，好比以亮丽的丝质粉色洋装或是穿着粉色套装配着白色衬衫，以象征个人的专业及柔美的灵性特质。粉色人若是常有头痛的问题，建议可以搭配金黄色的服装或首饰。粉色人敏感度极强，因此好运配搭以不给他人太强的压力色彩为宜，粉红色可以软化粉色人强烈的个性，不过没有信心的粉色人，就需要多以蓝色或粉色来搭配，甚至粉色加上紫色也可以，这些都能强化没信心的软弱粉色人。

幸运水晶
青金石、紫水晶

连接你的天使之光

靛色人最能连接的是"讯息天使",在讯息送达之前,靛色人必须放下自我的偏执或任何的偏见与情绪,才能清楚接受讯息。建议靛色人向讯息天使做以下的祈祷:"请给我正面的讯息,指引我连接上天与世间的美好,并请给我力量,带领我把美与善带到世界上,让每个与我接触的人,都能感受到美丽与良善的悸动。"

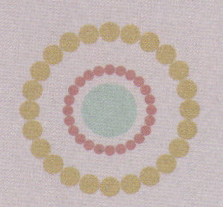

❤"请给我正面的讯息，指引我连接上天与世间的美好，并请给我力量，带领我把美与善带到世界上，让每个与我接触的人，都能感受到美丽与良善的悸动。"❤

0号 讯息天使

♥"我走向我的光明，我接纳，我臣服，我付出，也获得，请引导我，让我走向生命的使命与光明，突破黑暗，走进生命本质的本自天性。"♥

9号 使命天使

"请带领我走向有家的道路,我想有个心内的家,我想要独立自主,做个真正快乐自在的新生之人,请带领我走向真诚臣服的道路。"

"请带领我走向心的道路,我想从个人小小的欲望中走出,走向真正的真理与喜乐的道路。请指引我,带领我,让我带领我的心,我的子民。"

7号 领导天使

❤"我的身体是完美及洁净的，我喜欢我的身体，我喜欢大地，喜欢我的双脚踏在地上紧密的踏实感。请尘世天使帮助我，能喜悦地重生。"❤

6号 尘世天使

❤"不论遭遇多少困难,我坦然接受所有的现象,请赐给我温暖的爱之光,温暖我的心,补充我的能量,在我需要的时候,永不离弃我。"❤

5号 守护天使

"请启发我，协助我放下所有的'我'，放下那些所有不存在的'我'的偏见，请帮助我将光明的力量展现出来，以智慧的方式帮助自己、协助他人，重回到喜悦的怀抱中。"

4号 智慧天使

"请让爱充满我的心间,请让我拥有更多的爱以帮助并服务更多的人们。当爱充满我的内心,我将见到慈悲天使守护着我,完成这一件件爱的使命!"

3号 慈悲天使

"请开启我信念的力量与连线，让我的身、心、灵都充满平静的光芒；请启发我所有的平静，让我的情绪充满祥和的力量。"

2号 信念天使

♥"请开启我光明的力量与连线,让我的身、心、灵充满灿烂的芒;请启发我所有的想法,都充满正面的讯号与灵感。"♥